万葉《まんよう》と令和《れいわ》をつなぐアキアカネ

山口進
写真・文

岩崎書店

◉目次◉

［扉写真］
内山常蔵《うちやまつねぞう》さんご夫妻

「日本書紀」にはじまり「古事記」に歌われ親しまれてきたトンボは、令和《れいわ》の今でも大空を舞《ま》っている。

長い歴史を経《へ》て一体《いったい》どのようにして生きてきたのだろう。

万葉《まんよう》と令和《れいわ》をつなぐアキアカネ

アキアカネがわく田んぼ

平成28年6月の終わり、僕《ぼく》は柏崎《かしわざき》にある田んぼにしゃがみこんで、じっとまっていた。朝4時、あたりはまだ暗い。

やがて、夜明け前の田んぼに少し光が差し込《こ》みはじめた。田んぼの水が輝《かがや》き出すと、60センチほどに育ったイネが光の中に浮《う》かび上がってきた。

イネの間にきらりと光るものが見えた。羽化《うか》したばかりのトンボの翅《はね》だ。

田んぼ全体が明るくなってくると、あっちにもこっちにも翅を伸《の》ばしてとまるトンボが目に入ってきた。

アキアカネだ。

畦道《あぜみち》にも羽化直後のアキアカネがとまっていた。僕が歩くとパタパタと力なく飛んで、すぐに草にとまる。翅もまだやわらかそうだ。

僕はこの素晴《すば》らしい光景を見て鳥肌《とりはだ》が立った。太陽が登りはじめてからも水の中から出てくるヤゴがいた。ヤゴは何頭も重なるようにしてイネの茎《くき》につかまって翅を伸ばしはじめた。

僕《ぼく》は無言で田んぼに立っていた。アキアカネがこんなにたくさん羽化《うか》してきている。目の前におきていることが信じられなかった。

太陽が出るとトンボたちは次々とどこかへ弱々しく飛びさった。


新潟県柏崎市《にいがたけんかしわざきし》を初めて訪《おとず》れたのはこの1年前の秋のことだった。ウスバキトンボの撮影《さつえい》のためだった。ウスバキトンボは移動《いどう》するトンボで、東南アジアや中国大陸で発生したものが日本に渡《わた》ってきて世代を繰《く》り返しながら日本を北に移動してゆく。時々大群《たいぐん》が見られることがある。一体《いったい》どのようなところで生活をしているのか、いつも疑《ぎ》問《もん》に思っていたところ、ウスバキトンボが羽化してくるという池があることを柏崎市に住む友だちの佐藤俊男《さとうとしお》さんが教えてくれた。10月の秋晴れの日、僕はその池に向かった。

幅《はば》が6メートルほど、深さも30センチほどの「池」とよぶには小さすぎる水たまりでじっとまっているとウスバキトンボが羽化してきた。翅《はね》が伸《の》び切るまで撮影してカメラをしまっているとオスとメスが連結したまま産卵《さんらん》しているトンボが見えた。連結しながらメスが水の表面をたたく。この動作を飛びながら繰《く》り返している。連結して水中に産卵するのはアキアカネの特徴《とくちょう》だ。実はアキアカネはいま日本中で生息数が激《げき》減《げん》しているトンボなのだ。

ところが目の前にはオスとメスが連結したアキアカネがたくさん飛んでいるではないか。柏崎《かしわざき》は特別にアキアカネが多いところなのだろうか？

その疑問《ぎもん》を解《と》きたくなりウスバキトンボの撮影《さつえい》を終えてから、この場所を教えてくださった佐藤《さとう》さんに会いに行った。

佐藤さんは柏崎市博物館《かしわざきしはくぶつかん》の学芸員をされていて、生物、特にトンボについて非常《ひじょう》にくわしい方だ。

「柏崎にアキアカネが数え切れないほど羽化《うか》してくる田んぼがありますよ」

佐藤さんが思いもかけないことを口にされた。

「羽化するのはいつごろですか？」

「例年、６月末です。来年こられたらご案内しましょう」

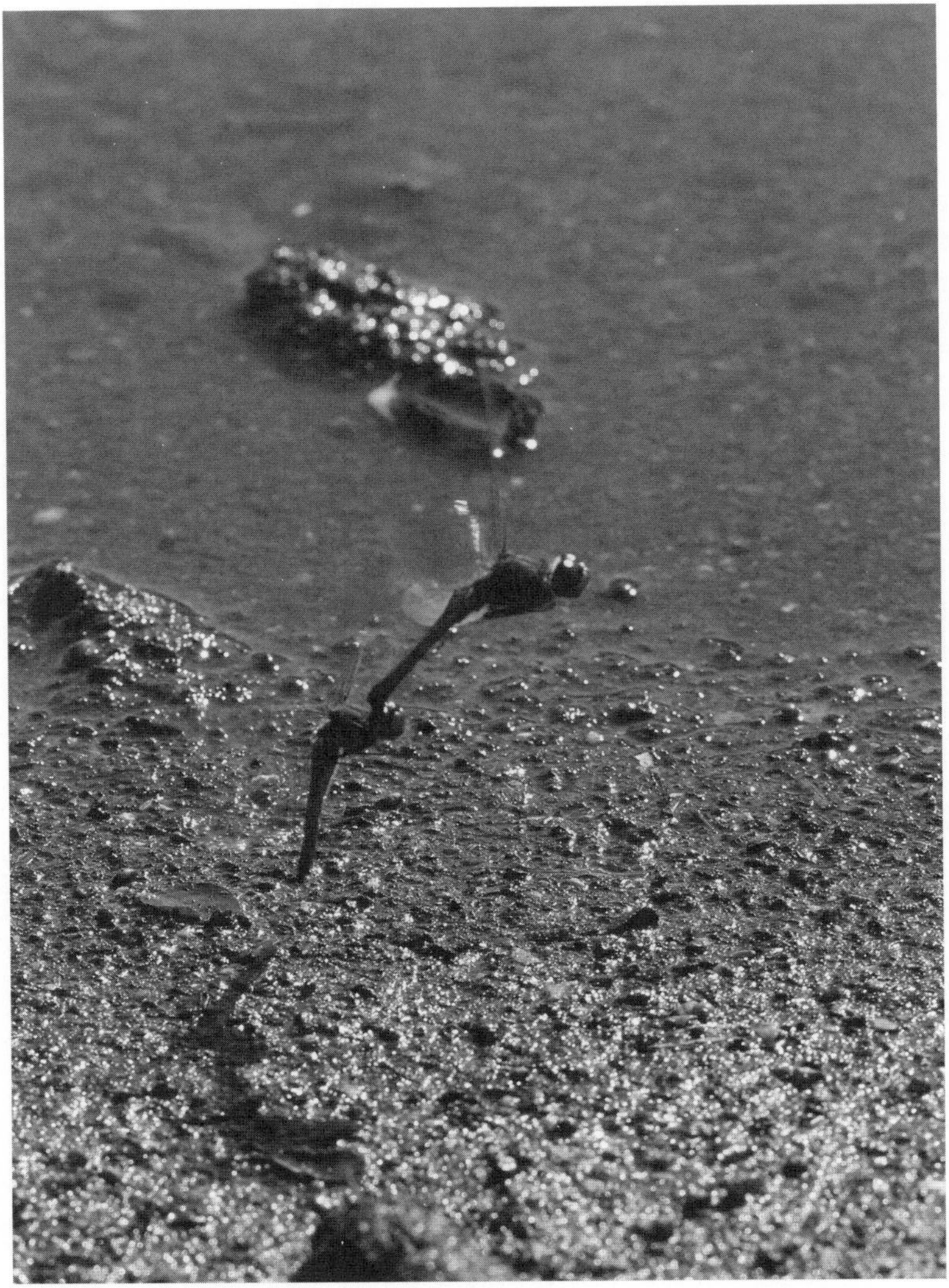

浅い水辺に産卵《さんらん》する
アキアカネ

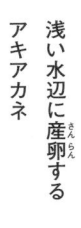

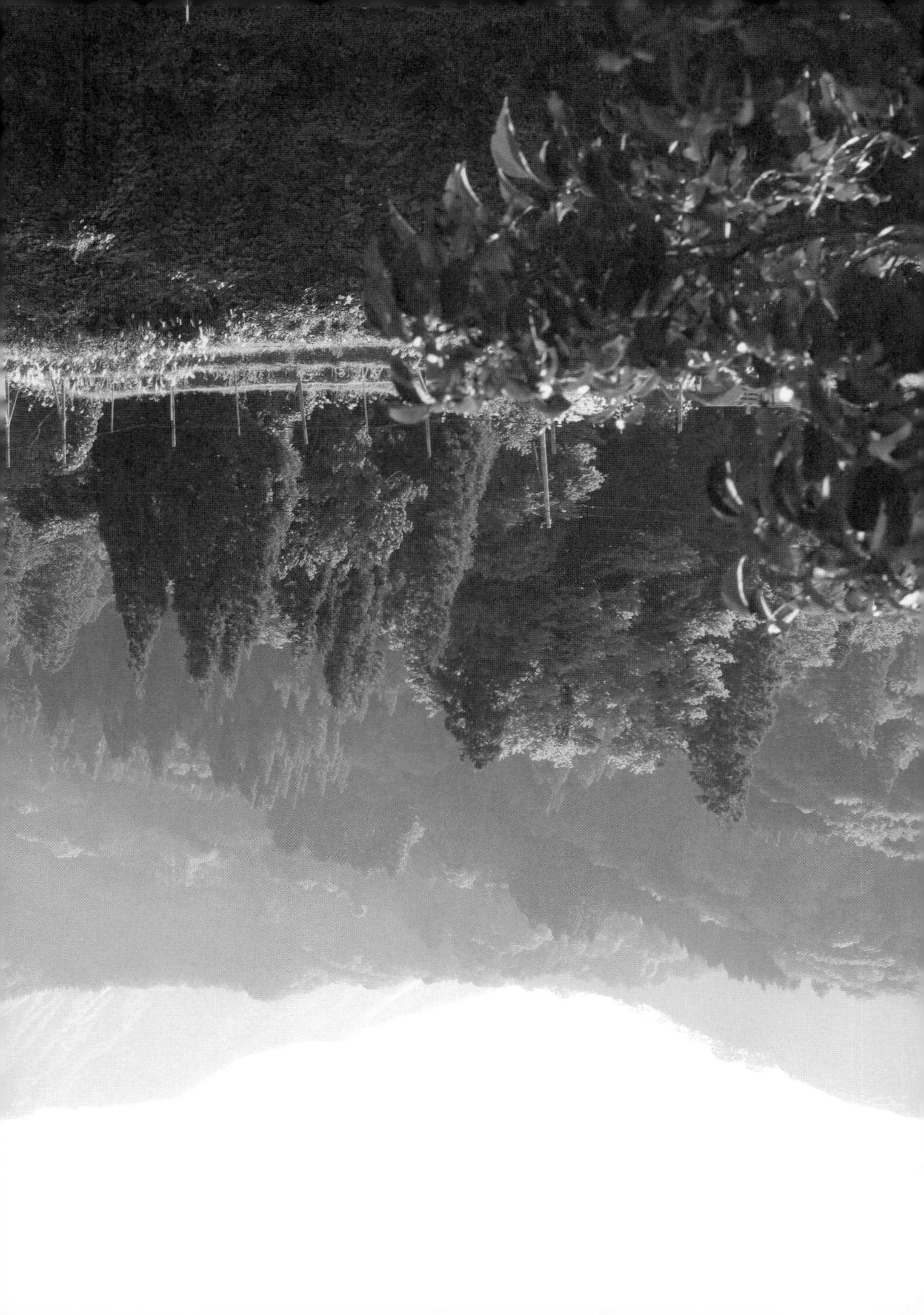

大幅《おおはば》に数が減《へ》っているアキアカネが大量に羽化《うか》する場所がある。そんな夢《ゆめ》のような話があるのだろうか。その田んぼは何か特別なのだろうか。

絶滅《ぜつめつ》しそうなアキアカネがたくさん羽化してくるなんて素晴《すば》らしい話だ。

アキアカネといえば、僕《ぼく》たちは赤とんぼとよんで、子どものころから普通《ふつう》に見ていたトンボだ。

僕は小学生のころに秋田や長崎《ながさき》ですごした。学校から帰ると玄関《げんかん》にランドセルを放り投げてすぐに友だちと遊びに出かけた。近くの野山や空き地で野球や探検《たんけん》ごっこをした。

時間がたつのを忘《わす》れ、秋空が赤くなりはじめると、誰《だれ》からともなく遊びをやめた。

「またあした！」

先生や母から習った歌を大声で歌いながら道を歩いた。枯《か》れ枝《えだ》をひろい、草をたたくとバッタが飛び出すこともあった。空を見上げると数え切れないほどの赤とんぼが飛んでいた。みんなトンボを取りたかったけど高すぎて手がとどかない。枯れ枝を放り投げてもトンボはすっとかわして、決してたたき落とすことはできなかった。日は

［前ページ］
秋の柏崎郊外《かしわざきこうがい》

どんどん暮《く》れてゆく。僕《ぼく》たちは走って家に向かった。

一枚《まい》の写真

田んぼの持ち主の内山常蔵《うちやまつねぞう》さんは初対面にもかかわらず僕《ぼく》を歓迎《かんげい》してくれた。当時、常蔵さんは74歳《さい》だったと記憶《きおく》しているが、細身でガッチリとした体つき、いつもニコニコしてやさしい笑顔を絶《た》やさない方だった。

常蔵さんは1枚の写真を取り出してきて見せてくれた。僕はその写真を見て声をうしなった。写真にはイネにぶら下がるたくさんのアキアカネが写っていたのだ。

「写真が下手だから少ししか写ってないですが、実際《じっさい》はこんなものじゃないですよ。もっともっとたくさんのアキアカネが生まれてきます」

その話を聞いてすぐには信じられなかった。

日本中でアキアカネの数が急激《きゅうげき》に減《へ》っているとさわがれている。僕がすんでいる山《やま》梨県《なしけん》ではまだ見ることはできるが毎年数が減っているのを感じていた。

そんな話とは裏腹《うらはら》に、写真にはアキアカネが何頭も翅《はね》を広げてイネにとまっている様子が写っているではないか。

内山常蔵《うちやまつねぞう》さん撮影《さつえい》の
アキアカネの羽化《うか》

「これは何年前の写真ですか？」

「いやぁ、去年ですよ」と笑いながら答えてくれた。

ということは僕《ぼく》がウスバキトンボを撮影《さつえい》にきた数カ月前の写真だ。

「そろそろ羽化《うか》が見られるころですよ。明日から私《わたし》も見に行くつもりでいます」

季節はちょうど梅雨をむかえていた。しっとりとした空気が肌《はだ》に心地よかった。常蔵《つねぞう》さんのお宅《たく》を出ると目の前に大きく広がる田んぼがあった。

しっとりしたいい季節がはじまっている。

そのとき、佐藤《さとう》さんが、

「これから、ホタルを見にいきましょう」とさそってくれた。ホタルが飛び交うのはアキアカネの羽化とおなじ時期だという。

佐藤さんは博物館につとめながら写真の撮影にも熱心に取り組まれ、柏崎《かしわざき》周辺の自然の素晴《すば》らしい写真を撮《と》られている。佐藤さんが見せてくれた無数に飛び交うホタルの光が映《うつ》し出された写真は思わず息を飲んでしまうほど美しく素晴らしい。

ホタルも最近は見かけなくなった昆虫《こんちゅう》だ。僕も佐藤さんのような美しい写真が撮りたい、ホタルがたくさんいる場所がまだ残っていることを他の人に知ってほしいという気持ちも強かった。

夕方、青々とした田んぼを横目で見ながら目的地に向かった。小さな小川が流れ、まわりには田んぼが広がっていた。数軒《すうけん》、家も建っている。

ホタルが飛ぶという場所にはすでに家族連れの人たちが何人か集まっていた。子どもたちは草の間にいるバッタを捕《つか》まえたり、走り回ったりしながらホタルが出てくるのをまっている。

7時ごろ、家々に明かりがひとつふたつとつきはじめた。そのとき田んぼの上をすーっと横切るひとすじの光が見えた。

「あっ、ホタル！」

子どもたちもその光を目で追っていた。

ホタルの数はどんどん増《ふ》えていく。田んぼの上、こずえのまわりを飛んでいたホタルがいっせいに小川に向かって集まってきた。

8時、小川には数え切れないほどのホタルが集まりはじめた。1頭のホタルが飛ぶ

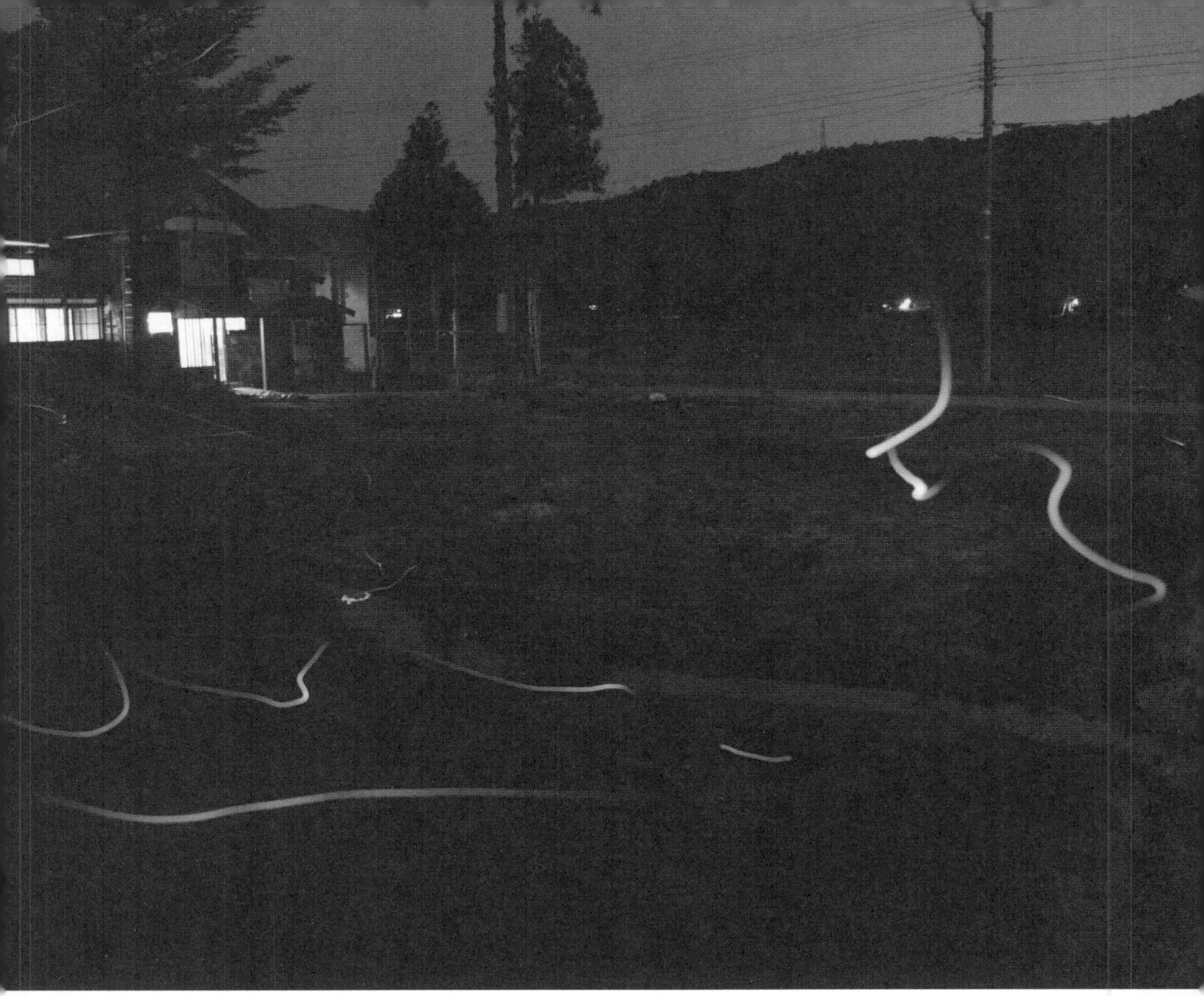

ホタルの流れる光は
梅雨時《つゆどき》の風物詩だ

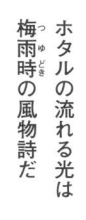

とそれを追いかけるホタルがいる。光の筋《すじ》は何重にも重なり、流れ星のように光っている。

「お母さん、草にとまっているよ」と言う子どもの声も聞こえた。

僕《ぼく》は写真を撮《と》ることを忘《わす》れ、ホタルが舞《ま》い飛ぶ風景に見入った。

いつしか子どものころに見たホタルのことを思い出していた。僕の記《き》憶《おく》にある日本の風景だ。

アキアカネの羽化《うか》

翌朝《よくあさ》4時、まだ暗い常蔵《つねぞう》田んぼを訪《おとず》れた。そして見たのが初めに書いた羽化の様子だった。

アキアカネの羽化は昨晩《さくばん》おそくからはじまっていたようだ。常蔵さんの話では早いものは夜9時ごろに水から出てきて翅《はね》を伸《の》ばすらしい。本で調べてみると羽化がはじまるのは早朝2時ごろからと書いてあった。やわらかな翅でまだ飛べないトンボは敵《てき》におそわれにくい時間に生まれてくるのだろう。飛べるようになるのは朝日が出る前だ。天敵《てんてき》の鳥などが活動する前にはどこかに飛んでゆき、難《なん》をのがれることができる。

イネの根本にヤゴの抜《ぬ》け殻《がら》が数え切れないほどついていたのは、僕《ぼく》が田んぼについた時よりずっと早くから羽化していたからなのだ。

僕が5時ごろに見た羽化はおくれて出てきたトンボたちだった。それでも数は十分すぎるほど多い。常蔵さんによると羽化は約1週間も続くという。

一体《いったい》、何頭のアキアカネがこの田んぼから生まれてくるというのだろう。考えるだけでもうれしくなってくる。

2日目の朝4時にふたたび田んぼに来てみた。

真っ暗なので何も見えないが懐中電灯《かいちゅうでんとう》で田んぼを照らしてみた。

いるいる！

たくさんのアキアカネが羽化《うか》していた。すでに翅《はね》を伸《の》ばし切ったものや、今まさに水中から顔を出したばかりのものもいる。

すごい！

羽化のラッシュがはじまっていたのだ。

今朝早く来たのは他の田んぼでも羽化しているかをたしかめるという目的もあった。畦《あぜ》をへだてた隣《となり》の田んぼを見てみた。

くまなく探《さが》したが羽化したトンボが1頭も見あたらない。ヤゴの抜《ぬ》け殻《がら》すらないのだ。

なぜ、常蔵《つねぞう》さんの田んぼだけアキアカネが羽化してくるのだろうか。

羽化《うか》のために
水から出てきたヤゴ

［次ページ］
折り重なるようにして
羽化するアキアカネ

他の人の田んぼと何がちがうのだろう。

アキアカネが大量に生まれてくる常蔵《つねぞう》さんの田んぼの秘密《ひみつ》が知りたい、と考えながら畦《あぜ》にすわっていた。

何かわかるのではないかと、もう一度田んぼを比《くら》べてみた。そして大きなちがいに気がついた。隣《となり》の田んぼには水が入っていなかったのだ。

隣の田んぼだけではない。少し歩くと広い田んぼが広がっているのだが、どの田んぼにも水が入っていないではないか。

そういえば常蔵さんが「米の生育のために6月に田んぼの水を抜《ぬ》くのが普通《ふつう》だ」と言っていたのを思い出した。

常蔵さんが水切りを忘《わす》れているのだろうか？

米作りの基本《きほん》

新潟《にいがた》での米作りの手順を常蔵《つねぞう》さんが説明してくれた。場所によって少しずつちがいがあるが、新潟での一般的《いっぱんてき》な米作りをみてみよう。

①――田おこしから田植えまで

春、3月から4月にかけてトラクターで田んぼを耕《たがや》す作業がはじまる。冬の間に固くなった田んぼの土をほぐし平らにする「田おこし」という作業だ。

耕した後、水を田に引き込《こ》んでくる。池や川から水が運ばれてくる水路が必ず田んぼの横にあり、ふだんは板などの仕切りで田んぼに水が入らないようにしてあるが、仕切り板を抜《ぬ》くと水が自然に流れ込んでくるしくみだ。こうして田んぼに水が張《は》られる。

その後、トラクターで代《しろ》かき作業をする。耕した田んぼの土を水と混《ま》ぜ合わせながらやわらかくし、田んぼを平らにしてゆく。デコボコしていると苗《なえ》が植えにくく、育

田植え

ち方に差が出るのでできるだけ平らにしなければならない。

田おこしと代《しろ》かきに先立ってイネの苗《なえ》を作るための作業がある。イネの実であるモミを水に浸《ひた》す。そして用意された場所に苗箱という薄《うす》くて長方形の箱を敷《し》きつめ、苗箱の中に苗を育てるための土をうすく敷きつめ、そこにモミをまいてゆく。2～3週間でモミから芽が出て田植えのための苗が出来上がる。しかし今では農協で苗を育てて売っているので自分で苗を育てる人は少なくなった。

草丈《くさたけ》が10～12センチほどのイネに育ったら、苗箱を田んぼに運び、田植え機に乗せて植えつけてゆく。

②——草取りと水切り

田に植えられたイネはしばらくすると根本から茎《くき》がふえてゆく。根元から新しい茎が出てくるのだ。これを「分げつ」と言うが1本のイネは20本ぐらいに増《ふ》える。しかし、無限《むげん》にふえるわけではなく一ヵ所に植えた苗全体として20本ぐらいで止まってしまう。例えば4～5本まとめて植えても全体として20本ぐらいで止まる。まるで苗《なえ》がおたがいの様子を見ているようだ。

イネの生長とともに雑草《ざっそう》も生えてくる。コナギ、ヒエ、オモダカなどだ。雑草が生えてくると栄養を横取りされてイネの生長が悪くなるので、それらを抜《ぬ》かなければならない。米作りで一番つらいのがこの雑草を抜くことだろう。

手で抜くこともあるが重労働なので、今は除草剤《じょそうざい》を使っている。除草剤はイネ以外の雑草の発生をおさえる働きをもつが、田んぼの生き物まで殺してしまうことがある。雑草取りは日差しが強くぬかるむ中を、中腰《ちゅうごし》で草を抜くのだから過酷《かこく》な作業だ。だから多くの田んぼでは除草剤を使って草が生えてくるのを止めている。

それ以外にもイモチ病などイネの病気が発生することがあり、他の薬をまくこともある。生長とともに栄養分を追加する必要もある。

6月半ばには水切りをする。水を田んぼから抜いて田んぼの表面を空気にさらすのだ。

柏崎《かしわざき》では水を田んぼから抜くための溝《みぞ》を機械で掘《ほ》り田んぼの水を抜く。水を抜くと地面が乾《かわ》いてヒビが入る。

V字型の溝《みぞ》を掘《ほ》り、
水を抜《ぬ》き
田んぼを乾《かわ》かしてゆく

水が抜《ぬ》けると
田んぼにヒビが入る

これは空気中の窒素分《ちっそぶん》を土中に取り入れるのと、稲刈《いねか》りの時に機械が入ってもしずまないように田んぼを乾《かわ》かすためなどが目的《もくてき》だ。窒素分は米の生長に影響《えいきょう》するらしい。イネにも花が咲《さ》く。花が終わると穂《ほ》の先にたくさんの実がなる。イネの実はモミとよぶが、最初は中がまだやわらかい。この時にカメムシやスズメが汁《しる》を吸《す》いに来ることがある。予防《よぼう》のために殺虫剤《さっちゅうざい》をまき、カカシを置いたりする。

こうして実はどんどん固く重くなり、イネの先はたれてくる。そして9月、収穫《しゅうかく》の時期をむかえる。

③――刈《か》り入れと脱穀《だっこく》

米が収穫されるのは9月ごろだ。

小さな田んぼでは人の手で稲刈りをするが、刈り取り機を使うことが多い。刈り取り機で束にされたイネは「ハザ」という物干《ものほ》しのような枠《わく》にぶら下げて2週間ほど乾かし、その後脱穀される。

大きな田んぼではコンバインという機械を使って稲刈りから脱穀までを同時に行う。

コンバインでの
刈《か》り取り

自動車のように運転して田んぼの中を走り、イネを刈《か》り取り、機械の中でモミとワラ（イネから実を取り除《のぞ》いた茎《くき》）に分ける。走りながらワラは細かく切られコンバインの後ろにばらまかれ、モミはコンバインの中にため込《こ》まれる。モミがある程度《ていど》たまったらコンバインからモミを軽トラックに積み込む。あとは収穫《しゅうかく》したモミを乾燥《かんそう》し、籾殻《もみがら》をとった玄米《げんまい》として袋《ふくろ》づめにして保管《ほかん》することになる。

刈り取りが終わると田んぼでの作業は終わる。

以上が米作りの大まかな手順だ。

常蔵《つねぞう》さんの仕事と田んぼ

常蔵さんは若《わか》いころに農林水産省の新潟食糧事務所《にいがたしょくりょうじむしょ》で検査官《けんさかん》をされていた。検査官というのは収穫《しゅうかく》された米や麦、大豆などの穀物《こくもつ》を品質《ひんしつ》で等級に分ける仕事だ。収穫された米は検査官の目で分けられてゆく。

米の等級は一〜三まであり、売られるときの値段《ねだん》が大きくちがう。一等米が一番高く、三等米が安い。検査の基準《きじゅん》は米の中に黒い米ややせたものがあるかないかなど、外見で決められる。70％以上良いものがふくまれる米が一等米、60％以上だと二等米、45％以上だと三等米になる。

少し難《むずか》しいが今の日本の基準の表がある。検査は玄米《げんまい》で行われる。

これ以外にも等級とは別に米の味（食味）の検査があり、これは米にふくまれる主な成分を機械で分析《ぶんせき》している。主な成分とは水分、タンパク質《しつ》、アミロースそして脂《し》肪《ぼう》の四つを測《はか》っている。

常蔵さんが検査官としてつとめていた時にお父さんが亡《な》くなられた。常蔵さんが30

玄米《げんまい》の検査規格《けんさきかく》

●区分	●整粒割合《せいりゅう》	●含有水分《がんゆう》	●被害粒《ひがいりゅう》、死米《しにまい》、着色粒《ちゃくしょくりゅう》、異種穀粒《いしゅこくりゅう》及《およ》び異物混入《いぶつこんにゅう》の計
1等	70%以上	15%以下	15%以下
2等	60%以上	15%以下	20%以下
3等	45%以上	15%以下	30%以下
規格外《きかくがい》	上記規格に該当《がいとう》せず、異種穀粒《いしゅこくりゅう》・異物を50%以上混入《こんにゅう》していないもの		

整粒《せいりゅう》……欠け米、割《わ》れ米、死米《しにまい》、未熟《みじゅく》米、異種穀粒等《いしゅこくりゅうとう》を除《のぞ》いたもの
被害米《ひがい》……損傷《そんしょう》を受けた粒
死米《しにまい》……充実《じゅうじつ》していない粉状質《ふんじょうしつ》の粒（青死米及び白死米）
着色粒《ちゃくしょくりゅう》……粒面の全部又は一部が着色した粒及《およ》び赤米
異種穀粒《いしゅこくりゅう》……その種類の玄米《げんまい》を除《のぞ》いた他の穀粒
含有水分《がんゆうすいぶん》……105度乾燥法《かんそうほう》によるもの
その他……米穀《べいこく》の検査《けんさ》区分として他に「水稲《すいとう》うるち米完全精米《せいまい》」、「醸造用玄米《じょうぞうようげんまい》」
（醸造用玄米は日本酒を作るための米）

［農林水産省ホームページより改変］

歳《さい》の時だ。お父さんは家のまわりの広い田んぼで米を作っていた。お父さんが亡くなったからといって田んぼをつぶすことはできない。

しかし検査官《けんさかん》の仕事は収穫《しゅうかく》された米には関係があるが米作りとは関係がない。この時点では常蔵さんは米作りには全くの素人《しろうと》だった。

しかし迷《まよ》っている時間はない。田んぼは時間がたつと自然にもどり草が生えやがては消えてしまうのだ。まわりの人にも迷惑《めいわく》がかかるし、米という大切な食料の生産をやめてはいけない。

心の中には迷いがあったがなんとか自分の力でできるのではないかと言う気持ちが潜《ひそ》んでいた。それは仕事を通じてそれとなく米作りの雰囲気《ふんいき》がつかめていたことがある。もうひとつ常蔵さんの自信を強く裏付《うらづ》けるものがあった。それは子ども時代から自然を見て育ってきたことだ。

常蔵さんは子どものころから自然に親しみ、自然の中で遊び暮《く》らしてきた。自然を見ていると不思議や面白さを感じ、考えもしないことがおこる驚《おどろ》きなどがあって飽《あ》きることはなかった。

全ての生き物は季節とともに生活し、微妙《びみょう》な変化の中でおたがいに調和して生きていることを強く感じていた。

こうして自然の中で観察する力や判断《はんだん》する力、そして自然の恩恵《おんけい》を受けて生きる人間としてのあるべき姿《すがた》を自分で見出してきた。

人間は何ひとつとして自然なしでは生きていけない。自然の基本《きほん》である植物もおなじだ。だから自然のリズムに逆《さか》らってはいけない。自然を破壊《はかい》してはいけないなどの気持ちが強くおきてきた。

自然から聞こえてくる静かな響《ひび》きが常蔵《つねぞう》さんの豊《ゆた》かな感性《かんせい》を作り上げてきたのだ。この経験《けいけん》がきっと米作りに生かされるだろうと感じたのだ。

こうして、常蔵さんはつとめながら田んぼを引き継《つ》いで米作りをすることに決めた。米作りは素人《しろうと》同様の常蔵さんだったが持ち前の好奇心《こうきしん》と勉強する意欲《いよく》にあふれていた。様々な本を読み、米作りの研究をしている人に会いに行って勉強を重ねた。農業に関係している仲間もたくさんいた。

地域《ちいき》の人と交流をはかり、米作りの基本を身につけていった。もちろん父親からの教えも身についていたのだろう。

田んぼの土のこと、イネのことなどが次々と知識《ちしき》として常蔵《つねぞう》さんの頭に入ってきた。穀物《こくもつ》の検査官《けんさかん》をしていたことが幸いして、米作り農家とも親しかった。色々と教えてもらううちに現在《げんざい》広く普及《ふきゅう》している米作りは素人《しろうと》でもできるようなしくみがあることを知った。

それは米作りに必要な情報《じょうほう》、例えばいつ田植えをするとか、いつ除草剤《じょそうざい》をまけば良いという情報が指導組織《しどうそしき》から出されるのだ。

この組織の元は国の農林水産省だが、その年の気候を見て基本的指導要項《きほんてきしどうようこう》を作成し、それを県の農林水産部などに指示《しじ》する。農林水産部はその情報をもとに各地域《かくちいき》の指導センターに指示、農協の指導員とともに農家を指導することになる。

当然のことだが毎年かなり正確《せいかく》な情報が提供《ていきょう》されているので、その指示に従《したが》えば間《ま》違《ちが》いなく米はできるのだ。

特に地域に密接《みっせつ》な立場にある農業普及指導センターはせまい地域での情報を提供してくれるので間違いは少ない。

この農業普及指導《ふきゅうしどう》センターの指導を受けながら、時期が来れば田を耕《たがや》し、水を入れ、苗《なえ》を手に入れて田植えをした。指導される通りに除草剤《じょそうざい》をまき、肥料《ひりょう》を与《あた》えると、イネはすくすくと育つ。途中《とちゅう》、イネの病気が出そうになると注意予報《ちゅういよほう》が出て薬をまくことを推奨《すいしょう》される。その時々に必要な苗や肥料、殺虫剤《さっちゅうざい》などは農協あるいはホームセンターの店頭に並《なら》ぶので米作り農家が困《こま》ることはない。

刈《か》り取りと同時に収穫《しゅうかく》したモミは脱穀《だっこく》後《ご》、玄米《げんまい》として農協などに出荷《しゅっか》される。

戦後しばらくして、兼業《けんぎょう》農家が増《ふ》えるにつれ、こうした近代的な米作りのしくみができた。これが現在《げんざい》最も普及している米作りだ。つとめている人が週末を利用して米作りができるほどに良くできたしくみがあるのだ。

常蔵《つねぞう》さん、定年退職《ていねんたいしょく》する

米作りをはじめた当初、常蔵さんはいま広く普及《ふきゅう》している米作りはすぐれた方法だと思っていた。

それでも当然のことのように次々と問題は出てくる。それは予期できない雨風気温など気候の変化、イネ害虫の発生、イモチ病などの病気の発生などだ。これらは毎年状況《じょうきょう》がおなじではない。

予測《よそく》できないことが起こるとすぐに対処法《たいしょほう》などの情報《じょうほう》が流れてくるのでそれに従《したが》って対応《たいおう》してきた。

こうして米を作りながらなぜか気持ちが落ち着かなかった。指示《しじ》通りにするとうまくゆくが手間や費用がかかりすぎる。

イネは植物なのだから条件《じょうけん》さえ良くしてあげれば放っておいても育つのではないかと考えはじめたのだ。

自分の考えや感性《かんせい》とはちがうところで米作りが動いていると感じていたのだ。

相手は自然だ。イネという植物が田んぼという自然環境《かんきょう》の中で生きている。ただ、田んぼは人が作った自然環境だ。全くの自然ではない。だからその弱さを補《おぎな》ってあげるだけでいいはずだ。

それぞれの地域《ちいき》の気候《きこう》条件《じょうけん》や土と水をうまく利用すれば余計《よけい》な作業や農薬を使わなくても良くなると考えはじめた。

常蔵《つねぞう》さんは、米は植物だから、その場所その場所で植える時期も品種も育て方も、その状況《じょうきょう》に合わせていかなければ良い米はできないと考えていた。使われている肥料《ひりょう》が化学薬品であることも気になっていた。

農協や農業普及《ふきゅう》指導《しどう》センターなどの指導で、さぁ、植えなさい、さぁ水抜《みずぬ》きをしなさい、栄養をあげなさい、などと言われるが、外からの指示《しじ》ではその土地の状況に合わないことが多い、と常蔵さんは感じていた。隣《となり》の田んぼと自分の田んぼとでも条件はちがう。土地の状況とそこに植えられた植物としてのイネを見なければ良い米の育て方はわからないということだ。

たしかにその通りだ。例えば私《わたし》たちが花のタネを買ってきて植える時、タネが入っていた袋《ふくろ》に植える時期などが書かれているが、その幅《はば》は非常《ひじょう》に広い。つまりおなじタネでも場所によっては植える時期がちがうことを意味している。それは土地によって気候も土の条件《じょうけん》もちがうからだ。

花を植えた鉢《はち》をどこに置くかによっても生長にちがいが出る。水や栄養の与《あた》え方もそれぞれちがう。生長が悪ければその時その時に何か方法を考えないと花は枯《か》れてしまう。

米作りではいっせいに指示《しじ》が出てそれに合わせて田んぼの作業をすることが普通《ふつう》に行われている。これは農業をしている人にとっても助かり、その指示は地元の指導《しどう》によるので見当ちがいの指導はないが、おおもとは国の農業指導組織《そしき》だ。地方のことは分かるはずがない。

このような状況《じょうきょう》ではその土地のイネは良い状態《じょうたい》で育たない。

農協は農業指導の他にも米の流通や農家の経営《けいえい》のために欠かせない大切な組織だ。問題は組織ではなく米作りそのものにあると感じた。

何よりも大切なのが米は植物であることを忘《わす》れてはならないということ。植物としての生命力を発揮《はっき》できるような米作りがしたいと強く思っていた。植物として強いイネなら雑草《ざっそう》にも勝てるのではないか、そうすればつらい雑草との戦いもいらないはずだと考えていた。補《おぎな》う栄養素《えいようそ》にしても土の中にひそむ栄養素と、人が配合した化学肥《かがくひ》料《りょう》にふくまれる栄養素とはちがうはずだ。

そこで化学肥料などを一切使わない「有機栽培《ゆうきさいばい》」の米作りに切り替《か》える決心をした。

「有機栽培」というのは化学肥料や除草剤《じょそうざい》などの合成化学物質《ごうせいかがくぶっしつ》を全く使わない農法だ。有機栽培でできた米は合成化学物質を含《ふく》まない安全な米とされ、有機栽培の田んぼは環境《かんきょう》を汚《よご》さないなど良いところがいくつもある。しかし自然とともに育てるわけだから、作る人が毎日米と田んぼの様子を細かくチェックしなければならない。何か起これば自分で考え、自分で手当てしてゆく必要が出てくる。

有機栽培はこのように手間がかかること、天候に左右され、コントロールが難《むずか》しいなど生産者にとっては大きな負担《ふたん》を強いられる。作業時間が大幅《おおはば》に増《ふ》えるのでつとめながらではできない。

こうして常蔵《つねぞう》さんは定年退職《ていねんたいしょく》を機《き》に有機栽培《ゆうきさいばい》の米作りをはじめた。

ところがいざ有機栽培をはじめたのはいいが、最初は草取りや気候変化の問題などが続出して、有機栽培がどれほど大変かを痛感《つうかん》した。

これをどうしたものか考えあぐねていた時、ある雑誌《ざっし》に紹介《しょうかい》されていた滋賀県立短期大学農学部《しがけんりつたんきだいがくのうがくぶ》の橋川潮先生《はしかわうしおせんせい》の記事に出会い、滋賀まで会いにゆくことにした。

橋川先生の米作りのキーワードは二つだ。

まず、「水田の力」を信じること。これは土の力と水の力と言い換《か》えても良いかもしれない。良い土と良い水は植物としてのイネを育てる基本《きほん》の力だ。土には私《わたし》たちが知り得ないほどの様々な栄養素《えいようそ》やミネラル、そして微生物《びせいぶつ》が存在《そんざい》している。それらを備《そな》えた土が良いイネを育てるのだ。まず土づくりが必要だと先生は力説する。

田んぼには毎年栄養素を新しい水が運んでくる。そして田んぼは水をためることでイネの成長にとって大切な栄養素とミネラルを含《ふく》んだ有機物をため込《こ》んでいける。収穫後《しゅうかくご》の稲《いね》ワラを全部小さく切り刻《きざ》んで田んぼの土に混《ま》ぜ込めばその年にイネが消費した窒素分《ちっそぶん》も補《おぎな》われる。コンバインを使えば自動的に切り刻まれ、田んぼにバラまかれるので難《むずか》しいことではない。

水田の地力をもっと信じ、生かすべきだ、と主張《しゅちょう》した。

二つ目は「イネの力」を信じること。

良い土と水さえあれば植物としてのイネは放っておいても生長するということだ。

橋川先生の考え方は常蔵《つねぞう》さんの心に響《ひび》き勇気づけた。

常蔵さんはこの時に肥料《ひりょう》には頼《たよ》らず水田の土の力とイネの力を高めてゆくことが大切であることを直感的に理解《りかい》した。これは常蔵さんの日ごろからの考えなのだ。「田んぼの土の重要性《じゅうようせい》」「イネは植物」という意識《いしき》をもって米作りをすることが重要であること、そして何よりも「信じる」ことの大切さを再確認《さいかくにん》したのだ。

トロトロ土の田んぼ

有機栽培《ゆうきさいばい》をしている常蔵《つねぞう》さんの田んぼを見るとミジンコなどの小さな生き物がたくさんいることに驚《おどろ》く。一般的《いっぱんてき》な米作りをしていたときには見られなかった生き物がもどってきたという。

常蔵さんの有機栽培による米作りは田んぼの土を変化させることからはじまった。田んぼの土の力を高めるためだ。植物が育つのは土次第《しだい》。そして植物にはそれぞれ適《てき》した土がある。幸い、田んぼは毎年新しい水が栄養素《えいようそ》を運んできてくれる。土の力に水の力を借りればこれ以上のものはないとひたすら信じた。化学肥料《かがくひりょう》を足さなければ成り立たない田んぼではなく、自ら栄養分を生み出してゆく田んぼ作りが目標だ。

植物が必要な栄養分は窒素《ちっそ》、リン酸《さん》、カリの三つだ。米の場合は窒素の量でおいしさが左右される。しかし土の中には人工肥料《じんこうひりょう》にはふくまれないもっとたくさんの栄養素がふくまれているはずだ。それらは決して人が作った化学肥料では補《おぎな》われない。

そのようないわゆる微量《びりょう》栄養素は主として微生物《びせいぶつ》が作り出すものだ。微生物が活躍《かつやく》する田んぼがいちばん力のある田んぼだと常蔵《つねぞう》さんは考えた。

そのために米ぬかなどの自然のものを田んぼの土に混《ま》ぜ、堆肥《たいひ》を入れて微生物《びせいぶつ》がわくような工夫を繰《く》り返し、田んぼの土の改良がはじまった。

5年かけて出来上がった田んぼの土はトロトロしていた。おそらく微生物が作り出した土がそうなったのだろう。トロトロした土の田んぼにはオタマジャクシがあふれかえり、ミジンコが泳ぎ、ヤゴやイトミミズもあらわれ、小さなゲンゴロウやヒルまでも泳ぎ回るようになった。トロトロ土の表面には小さな穴《あな》が無数にあいていることに気がつく。これはイトミミズがひそんでいる穴だ。イトミミズは沈殿《ちんでん》する有機物を食べやわらかなフンをする。だからイトミミズがすみ着くとトロトロの土が良い状態《じょうたい》で保《たも》たれるのだ。

ヤゴがミジンコやイトミミズなどを食べ排泄《はいせつ》をすると、それがふたたび土にふくまれる有機物になる。ゲンゴロウはオタマジャクシなどを捕《つか》まえて排泄し、土が必要な栄養分を作り出す。生き物たちはおたがいに食べる、食べられる関係にあるのだが、調和がとれた田んぼの中ではどれかが急に増《ふ》えたり減《へ》ったりすることはない。

これら微生物《びせいぶつ》や小動物の活動が土をますます栄養価《えいようか》の高い土にしてゆくのだ。万が一、栄養分が不足したと感じたら米ぬかや堆肥《たいひ》などの有機肥料《ゆうきひりょう》を少しだけ追加すればいいし、水が運んできてくれるので極端《きょくたん》な不足はおきにくい。

田んぼの土の力とは小さな生き物と水との共存《きょうぞん》から生まれてくるのだ。

僕《ぼく》も常蔵《つねぞう》田んぼの土を手に取ってみたがまるでクリームのように滑《なめ》らかでやわらかく感じた。しかも温かくて気持ちがいい。

他の田んぼでも土を触《さわ》ってみたがあの滑らかさは全くなかった。

常蔵さんの米作りへの情熱《じょうねつ》は熱く信念はゆるがない。

現在《げんざい》、コシヒカリとして出回っているのは正確《せいかく》にはコシヒカリBLという品種だ。

このことも常蔵さんは気になっていた。常蔵さんが知っているコシヒカリは粘《ねば》り気があるとてもおいしい米だった。ただコシヒカリはイネが倒《たお》れやすく病気にも弱いという大きな弱点があり現在では改良されたコシヒカリBLが主流になった。

おいしくて安全な米作りを目指していた常蔵さんは貴重品《きちょうひん》となったコシヒカリの栽《さい》培《ばい》にあえて挑戦《ちょうせん》したのだ。自分の力でなんとかできるという自信もどこかにあった。

幸いコシヒカリのタネモミを提供《ていきょう》してくれるところも見つかった。タネモミというのは前の年に収穫《しゅうかく》したモミの一部を翌年《よくとし》の田植えに使うために保存《ほぞん》したものだ。トロトロの田んぼの土ができ、コシヒカリのタネモミも手に入った。

常蔵《つねぞう》さんの次の課題は植物としての強いイネを育てることだ。

常蔵《つねぞう》さん、スカスカで大丈夫《だいじょうぶ》なの？

新緑が吹《ふ》き出る5月初め、田植えを控《ひか》えて常蔵さんは苗代作《なわしろづく》りをはじめた。タネモミをまいて田植え用の苗《なえ》を育てるのだ。

すべて自分でやるのには意味があった。自分の土地に合わせた苗作りを目指したのだ。もうひとつは苗を育てるときに病気や昆虫《こんちゅう》などからの被害《ひがい》を防《ふせ》ぐための農薬を使わないためだ。普通《ふつう》はあらかじめ病気の予防薬《よぼうやく》や消毒薬などを土に混《ま》ぜて苗に吸収《きゅうしゅう》させている。農薬を使わない有機栽培《ゆうきさいばい》では苗にも農薬は使わない。

自宅《じたく》の裏庭《うらにわ》に5メートル四方の枠《わく》を作りビニールを敷《し》きつめ、その上に苗箱《なえばこ》を並《なら》べ苗床用《なえどこよう》に土をかるく入れタネモミをまいた。タネモミが芽を出すために必要な栄養素《えいようそ》のことも自分でためしながら苗を育てた。

まだ寒い時期だから全体にビニールシートをかけて保温《ほおん》した。やがて芽が出て10センチほどに生長したら田植えができる。

苗が育っている間、常蔵さんは田んぼの準備《じゅんび》に取りかかった。

苗箱《なえばこ》に土を入れてタネモミをまく

芽生

苗床《なえどこ》の完成

(いずれも内山常蔵《うちやまつねぞう》さん撮影《さつえい》)

2反《たん》（約2000平方メートル）以上もある広い田んぼをトラクターで耕《たがや》し、水を入れ、田んぼが平らになるように何度も何度も田んぼをならしていく。

これを田おこし、代《しろ》かきとよぶが、田おこしは雑草《ざっそう》の根を切って芽がでないようにする、冬の間に固くなった土をやわらかくして苗《なえ》を植えやすくする、平らにすることでおなじ高さのイネを育て機械による刈《か》り取りをしやすくする、土の中に空気を取り入れ微生物《びせいぶつ》の働きを活発にすることなどが目的だ。

代かきが終わるころ、自宅《じたく》の裏庭《うらにわ》で作っている苗も10センチほどまで生長した。5月末の晴れた日、常蔵《つねぞう》さんと奥《おく》さん、そして手伝いの方が田んぼにそろった。裏庭から苗箱《なえばこ》が運ばれ、奥さんの手伝いで田植え機に次々とのせられた。

常蔵さんが田植え機に乗り込《こ》みスイッチを入れた。ガーという音がして田植え機が動きはじめた。苗箱を積み込んだ田植え機が畦《あぜ》から田んぼに入ってゆく。

田植え機の後部を回転させると小さな突起《とっき》が苗箱のイネを少しずつつまんで回転しながら田に植えつけてゆく。こうして田植え機が通り過《す》ぎた後にはイネが自動的に植

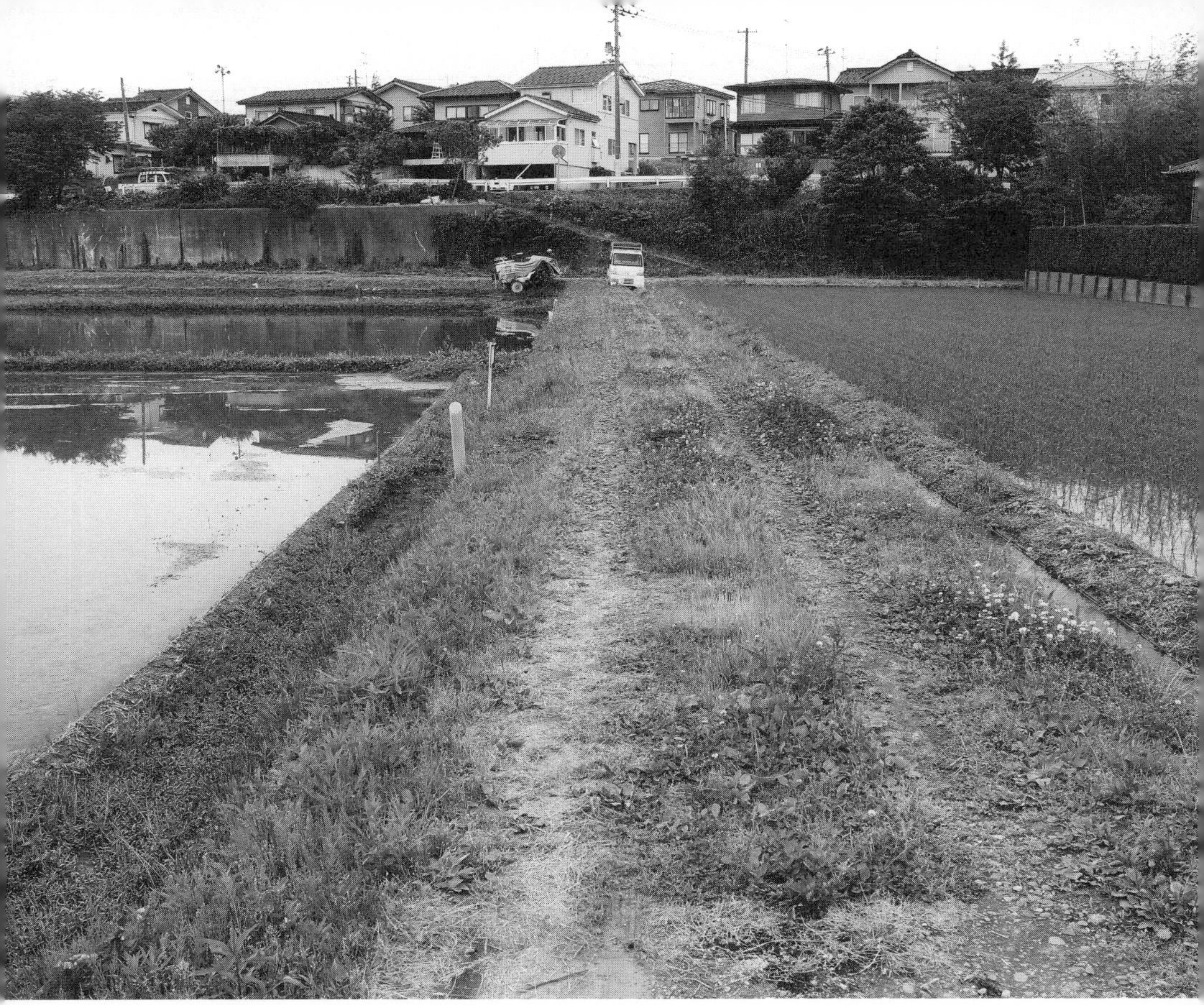

常蔵《つねぞう》さんの田植えは
他(右)よりも
かなりおそい

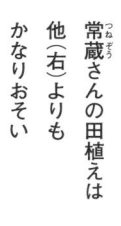

苗箱《なえばこ》を
田植え機にのせる

えられてゆく。

常蔵《つねぞう》さんは苗《なえ》を植えた列が曲がらないように様子を見ながら田植え機を動かしてゆく。最初に田植え機に積み込《こ》んだ苗を植え終わったのは約30分後だ。苗箱《なえばこ》が置いてあるところにもどると奥《おく》さんが新しい苗箱を田植え機に乗せる。からになった苗箱はお手伝いの人が水で洗《あら》い、来年のためにきれいにしてゆく。

横から見ていて気持ちの良い連携《れんけい》作業だ。田植えはとてもきつい仕事だ。それを続けてこられたのはご夫婦《ふうふ》の深いきずななのかもしれない。

1枚《まい》の田んぼの植え付けまで約2時間かかった。常蔵さんが笑いながら僕《ぼく》に聞いてきた。

「うちの田んぼは田植えが終わっても寂《さび》しいでしょう」

そういえば他の田んぼは田植えが終わると植えられた苗が行列し青々と見え、苗が植えられたという実感がある。それに比《くら》べて常蔵さんの田んぼは注意して見ないと、どこに苗が植えられているか分からないほどにスカスカだ。

「通りがかりの人が言うんですよ。お前さんの田んぼは植えたかどうか分からんなぁ

[次ページ]
田植えする常蔵《つねぞう》さんを奥《おく》さんが見守っている

田植えする常《つね》蔵《ぞう》さん

って」と、笑いながら常蔵《つねぞう》さんが話してくれた。

そうは言うものの目の前の田んぼのあまりの寂《さび》しさに、内心これでいいのかな、と心配した。僕《ぼく》も8年間、米作りをしたことがある。田植え機をもっていないので手で植えた。ひとつかみ4～5本の苗《なえ》を植えて振《ふ》り返ると青々とした苗が行列して、植えた実感があった。

常蔵さんは2～3本ぐらいしか植えていない。

「まぁ見ててごらんなさい。いずれわかりますよ」

新しい苗箱《なえばこ》を積み終わると常蔵さんはふたたび田植え機を動かしはじめた。田植え機では田んぼのすみは植えることはできない。それは行ったり来たりして方向を変えるときに丸く回転するので、どうしてもすみが空いてしまうからだ。ここで奥《おく》さんの出番がくる。田植え機の車輪が通ってできた溝《みぞ》をトンボで平らにして苗を手植えしてゆくのだ。

ひとときも休まずに田植えが終わった。

夕方、僕は一人で田んぼを見に行った。水は白くにごっていたが静かだった。

しかし、隣《となり》の田んぼに比《くら》べると、常蔵《つねぞう》田んぼはスカスカし、苗《なえ》もひょろひょろしている。

「大丈夫《だいじょうぶ》と言ったけど。本当かな」

田んぼの水の中にはまだ生き物の姿《すがた》も見えない。ますます心配になってきた。

［前ページ］
田植え機が入らない田んぼのすみは手作業で土をならしたあと、手で植える

アキアカネ羽化《うか》の日

田植えから3週間たったので、また柏崎《かしわざき》に行くことにした。昼前に家を出て柏崎についたのが夕方になった。田んぼを早く見たかったがそのまま泊《と》まり、翌朝《よくあさ》、ドキドキしながら常蔵《つねぞう》田んぼに向かった。

驚《おどろ》くことに、あのみすぼらしかった田んぼのイネが見事に生長しているではないか。イネは生長しながら茎《くき》を増《ふ》やしてゆく。2～3本だった苗《なえ》がすでに4～5本ぐらいまで増えている。しかも1本1本が太い。常蔵さんのイネは植物として力強くゆっくり育っているのだ。

そしてもっと驚いたのは水中に小さなヤゴが見えたことだ。秋に産みつけられたアキアカネの卵《たまご》はそのまま土の中で冬をこし、田植えとともに孵化《ふか》して成長してきたのだ。水中で脱皮《だっぴ》している姿《すがた》も見られたのは、かなり早くから孵化していたのだろう。

土がトロトロ土なのでヤゴが少しでも動くと水がにごって見えなくなる。2センチほどのヤゴが僕《ぼく》の動きを察するとさっと動いて水がにごる。あっちでもこっちでも水がにごるのが見えた。それ以外にチラチラと動く小さなミジンコがたくさん見える。トロトロ土の中に小さな穴《あな》が無数にあり、そこから姿《すがた》をあらわしたイトミミズも見える。ちょっと苦手だけどヒルも泳いでいる。ヒルは生き物の血を吸《す》う。僕《ぼく》も子どものころ何度か吸われたことがあった。

田植えから3週間でもう小さな生き物が田んぼで元気よく動き回っているのだ。栄《えい》養《よう》豊《ゆた》かな土が育んだ命なのだろう。

「常《つね》蔵《ぞう》さん、やるなー」と声が出てしまった。

「見ててごらんなさい」と言ったわけも分かった。

太いイネは強い。あまりたくさん植えると1本ずつが細くなり、その分弱くなるという。

健康に育てられた苗《なえ》ならそんなにたくさん植えなくてもイネの力で必要な数まで分けつし、太く強いイネになることを常蔵さんは知っていたのだ。

訪《おとず》れた日が6月15日だからアキアカネの羽《う》化《か》には少し早い。常蔵さんの家にご挨《あい》拶《さつ》に行きお茶をご馳《ち》走《そう》になった。相変わらず歓《かん》迎《げい》してくれる常蔵さんと奥《おく》さんにはお礼

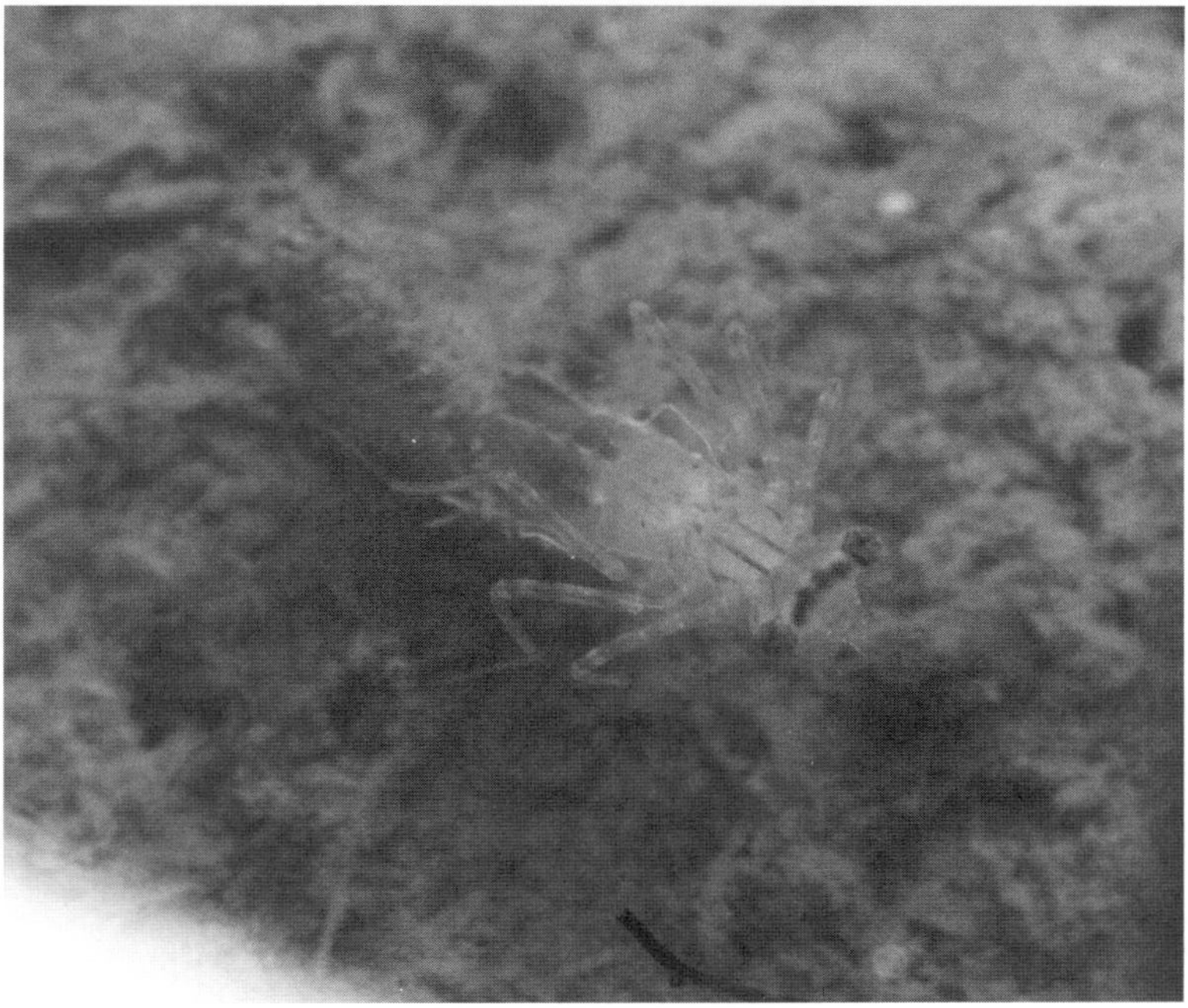

64

の言いようがなかった。

また1週間後におじゃますることを約束していったん山梨《やまなし》の家に帰ることにした。

梅雨がはじまり、蒸《む》し暑い日が続くようになった。アキアカネの羽化《うか》が間近い。

6月22日、ふたたび常蔵《つねぞう》さん宅《たく》を訪《たず》ねた。玄関《げんかん》横のアジサイがうすむらさきに光っていた。葉の上にはアマガエルがちょこんとすわって僕《ぼく》を歓迎《かんげい》してくれているようだった。

常蔵さんにアキアカネの羽化のことをうかがってみた。

「今朝はまだ出てなかったなぁ、多分あと2、3日ぐらいかかるかもしれませんね」

羽化がおくれているようだ。

今回は柏崎《かしわざき》の山中にある温泉《おんせん》の近くでキャンプをすることに決めていた。キャンプならいつまででも待てる。常蔵さんの田んぼまでは車で40分ほどかかるが温泉があって快適《かいてき》だ。

僕はキャンプが好きだ。自然の中で虫や花を見る、心地よい風を感じる、夜は星を眺《なが》めて友だちのことを思い出し、小さな鍋《なべ》で食事を作る、そして寝袋《ねぶくろ》に入って夢《ゆめ》を見

［前ページ］
上：イトミミズ
下：若《わか》いヤゴの脱皮《だっぴ》

る。こんな楽しいことはない。

常蔵《つねぞう》さんとおなじように僕《ぼく》は子どものころから自然の中で色々なことを教えてもらった。そのことが今でも続いている。自然の中には多くの不思議と驚《おどろ》きがつまっていて、何か疑問《ぎもん》をもったとしても、見つめ続けていれば答えを教えてくれるやさしさをそなえている。僕を成長させ、いつまでも楽しい思いをさせてくれるのは自然しかないといつも思う。

翌朝《よくあさ》5時、テントを抜《ぬ》け出して常蔵田んぼに向かった。しかし9時ごろまで待ったが羽化《うか》は見られなかった。水中をのぞくと土にまみれた大きなヤゴが見える。大きなヤゴは羽化が近いことを感じさせてくれた。

他の田んぼも見回ることにしていた。他の田んぼはすっかり水が抜かれている。イネも常蔵さんのところよりかなり早く、立派《りっぱ》に生長しているところが多かった。

この時大変なことに気がついてしまった。水を切った田んぼの土の上に何頭ものヤゴがひからびて死んでいたのだ。

キャンプ3日目の朝、羽化《うか》がついにはじまった。

5時についた時にはすでに翅《はね》が伸《の》び切ったアキアカネがイネにとまっていた。カメラを持ってイネを見て回ると、今まさに水から姿《すがた》を現《あらわ》したヤゴを見つけた。ヤゴは茎《くき》を伝って這《は》い出してきた。水面から10センチほどのところで動きが止まった。そして体が小刻《こきざ》みに震《ふる》えるとピシッと背中《せなか》が割《わ》れ、中から白いトンボの胸《むね》と頭が姿をあらわした。僕《ぼく》は息を止めて1枚《まい》1枚ていねいに写真をとった。

ヤゴからスルッと頭が抜《ぬ》け出た瞬間《しゅんかん》、大きくのけぞりあおむけになった。しばらくして身体を持ち上げ抜け殻《がら》につかまり、腹部《ふくぶ》をするっと抜いて前足でぶら下がった。そしてぶら下がったまま翅を伸ばしはじめた。

なるほど、こうやって水に落ちないで翅を伸ばすのか、と感心した。

白い翅が美しい。ぶら下がるとちぢれていた翅がどんどん伸びてきた。無事羽化に成功したのだ。すると下からおなじ茎に別のヤゴが登ってきた。他のイネを見るとおなじようにたくさんのヤゴが登ってきて、羽化をはじめていた。

7時ごろ常蔵《つねぞう》さんが田んぼにきてくれた。

［前ページ］
羽化《うか》するアキアカネ

6月下旬《げじゅん》の常蔵《つねぞう》田んぼ

「ほほう、羽化《うか》がはじまりましたか。今年はかなりおくれましたね」

常蔵《つねぞう》さんもうれしそうだ。

翌日《よくじつ》もたくさんの羽化が見られたので撮影《さつえい》を終え家にもどることにした。

米作りへの信念

常蔵《つねぞう》さんは有機栽培《ゆうきさいばい》に切り替《か》えてから「土の力とイネの力」をひたすら信じて米作りをしてきた。

有機栽培に切り替《か》えた数年後の6月末、常蔵さんの田んぼで大さわぎがはじまっていた。近所の人が田んぼにすごい数のトンボがいるとさわいでいたのだ。

「おい、お前さんの田んぼでえらくたくさんトンボが生まれているぞ」

知らせを聞いた常蔵さんが駆《か》けつけると無数のアキアカネが羽化《うか》を続けていたのだ。その様子は普通《ふつう》ではなかった。大袈裟《おおげさ》にいうなら、イネにトンボが実ったかのように見えたという。一般的《いっぱんてき》な米作りをしていた時には一度も見られなかった光景だった。

その時、「やはり田んぼは自然がいい。生き物たちと共生してゆけるのは有機栽培しかない」と強く感じたという。

その時まで常蔵さんはアキアカネにはそれほど興味《きょうみ》がなかったそうだ。しかし有機栽培をはじめてからアキアカネがすむ田んぼは自然で健康であることを実感したという。

この時に撮影《さつえい》したのが、初めてお会いした時に見せてくれたあの1枚《まい》の写真らしい。それからと言うもの常蔵《つねぞう》さんはアキアカネを意識《いしき》して田んぼ作りをするようになった。

その理由にはいくつかあるが、子どもの時に見たトンボの大群《たいぐん》をもう一度よみがえらせたいという気持ちがいちばん強かった。トンボが生まれてくる健康な田んぼからは健康な米がとれるはずだという信念があった。

なぜ一般的《いっぱんてき》な米作りの田んぼからはアキアカネが生まれてこないのだろう。常蔵さんは疑問《ぎもん》をもった。化学肥料《かがくひりょう》や農薬のせいだけではなさそうだ。と言うのは水がある時にその田んぼを見にゆくと少ないながらもヤゴがいるからだ。

羽化《うか》の時期に他の田んぼを見て回ると、どの田んぼにも水がなかった。田んぼの水切りが終わっていたのだ。さらに乾《かわ》いた田んぼにアキアカネのヤゴが乾いて死んでいるのがたくさん見つかった。おたまじゃくしも干《ひ》からびていた。

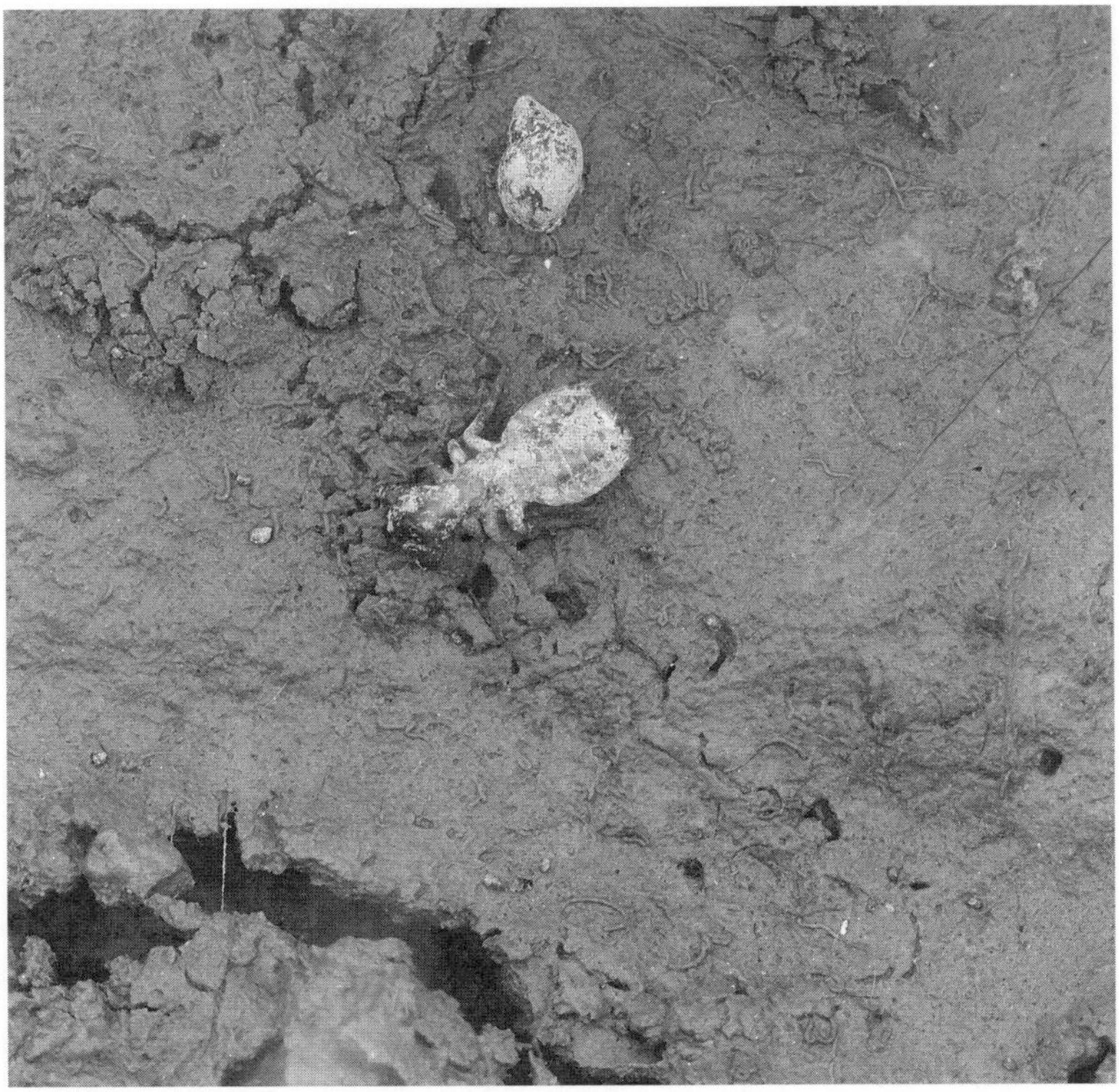

干《ひ》からびたヤゴ

そうか水切りが早いから羽化《うか》する前に干《ひ》からびてしまうのだ。常蔵《つねぞう》さんは他の田んぼでトンボが見られないわけがわかった。

柏崎《かしわざき》あたりの米作りでは、田んぼの水切り（28ページ）は羽化前の6月初めから中旬《ちゅうじゅん》にかけて行われる。ちょうどアキアカネ羽化の直前だ。有機栽培《ゆうきさいばい》では水切りの時期が少しおそく設定《せってい》されていて通常《つうじょう》6月下旬《げじゅん》だ。ちょうど羽化が終わるころだ。

このおそい水切りのおかげで有機栽培の田んぼではヤゴが生きのびて羽化することができたのだ。それからというもの常蔵さんはトンボが羽化するのをまって水切りをすることにした。他の一般的《いっぱんてき》な米作りの田んぼが水切りをおわっていても常蔵さんは羽化が終わるまで水切りをとめていた。しかしあまり水切りがおくれると秋の刈《か》り取りの時期に田んぼがぬかるんでコンバインが入れなくなる危険性《きけんせい》も出てくる。それでも常蔵さんの気持ちは変わらなかった。

「水切りをおくらせると言っても、たかが数日ですわ。刈《か》り入れの時に土がやわらかくても少し注意してコンバインを入れれば問題ないですよ。でもね、時々早く水切りをしたいな、と思う時がありましたよ」と笑いながら話してくれた。

自然にしたがうのが一番大切だという常蔵《つねぞう》さんの変わらない信念だ。アキアカネの羽化《うか》がおくれたというのは自然が出した何かの警告《けいこく》かもしれない、とも考えていたそうだ。

子どものころから親しんできた赤トンボの飛ぶ柏崎《かしわざき》の自然を、思い出とともに復活《ふっかつ》できるのではないかとずっと夢《ゆめ》を見ているのだろう。

常蔵さんはアキアカネの羽化が終わるのを見とどけて、すぐに田んぼの水を切った。もうすぐ米の花が咲《さ》く。

米作りでは秋の収穫《しゅうかく》までにすることが山積みだ。

田植えが終わり、イネの花が咲いてやがて実がなる。

季節はすすみ太陽がまぶしい夏がくる。米が実りはじめても気を抜《ぬ》くことはできない。

最も大切なのは雑草《ざっそう》の管理とイネの病気のチェックだ。

有機栽培《ゆうきさいばい》の一番大きな問題は雑草をどうやって減《へ》らすかだ。有機栽培でなければ除《じょ》草剤《そうざい》を使って簡単《かんたん》に雑草《ざっそう》をおさえることができるが、有機栽培《ゆうきさいばい》では除草剤《じょそうざい》は使えない。

人の手で抜《ぬ》いてゆくか他に何か工夫するかしか方法はない。

雑草のタネは田に入る水で運ばれ、あるいは前年のタネが土の中に残っていることもあり、田んぼに雑草が生えないことはありえない。雑草が生えるとイネが必要としている養分を横取りしてしまい、イネの生長が悪くなる。

それも常蔵《つねぞう》さんは自分で解決《かいけつ》していった。

常蔵さんがその秘密《ひみつ》を教えてくれた。

「山口さん。これを見てください」

指差された先のイネの間にはびっしりと雑草が生えていた。

「草を取り除《のぞ》かなくて大丈夫《だいじょうぶ》ですか？」

すると常蔵さんは

「私《わたし》は強いイネ作りに力を注いでいます。イネが強ければ雑草には負けないと思います。ただ、雑草のいきおいはものすごいので水を高めに張《は》って雑草が伸《の》びるのを防《ふせ》いでいます」と答えてくれた。

たしかに雑草《ざっそう》はたくさん生えているが、すべて水の下につかっている。しかも弱々しく見える。

イネの生長を邪魔《じゃま》するコナギという雑草は高く水を張《は》ることで太陽光が当たりにくくなり生長がおくれるのだ。もうひとつ米作りにとって邪魔になるのがヒエだが、これは水が張《は》ってある限《かぎ》り出てこない。あやまってヒエをイネと一緒《いっしょ》に刈《か》り取ってしまうと米の中にヒエの実が混《ま》じり品質《ひんしつ》が落ちるのだ。水切りをおくらせればヒエが生えにくい田んぼになる。除草剤《じょそうざい》を使わない有機栽培《ゆうきさいばい》の田んぼではこのように水の高さを変えることなどでイネの生育を邪魔する雑草を食い止めるのだ。

しかしいつまでも水を張っておくと秋の刈り入れの時に田んぼがぬかるんで機械が入れなくなるので、ある程度《ていど》のところで水を切ることになる。

「この程度の雑草なら私《わたし》のイネは負けません。栄養十分なトロトロ土で育っていますからイネそのものが強いのです。ほら茎《くき》も太くて立派《りっぱ》でしょ」

「ヒエなども生えてきますが、ほったらかしにしています。たしかに脱穀《だっこく》の時にヒエが混じることがあり嫌《きら》われますので刈り入れの時に注意をしているだけです」

とひょうひょうと常蔵《つねぞう》さんは語る。

そういえば夏の盛《さか》りに田んぼを見せてもらったら大きなヒエが数本イネの上に突《つ》き出すように生えていた。

「あれは取らなくてもいいのですか？」

「あ、あれね、ほったらかしています。まぁいずれ取りましょう。はははは」

「私《わたし》のやり方はいい加減《かげん》ですがそれでいいのですよ」

「イネに病気は出ないのですか？」

「ああ、イモチ病とか出ますよ。それも私はほったらかしです。イネが強ければそんなに病気は広がりません」

とこれまた豪快《ごうかい》な言葉が返ってきた。

他にも大きなハスが田んぼの真ん中に葉を広げている。

ほとんど草刈《くさか》りをしない畦《あぜ》には草花が咲《さ》いている。

「まぁ神経質《しんけいしつ》になるとダメですわ。イネもハスもみんな植物。ほら、ごらんなさい。ハスのまわりのイネが負けてないでしょ。あまり邪魔《じゃま》になると抜《ぬ》くこともありますが

イネの間には
雑草《ざっそう》が生えているが
全部水面の下

常蔵《つねぞう》さんの田んぼに
堂々と生えている
ハス

大体そのままにしておきますよ。花が咲《さ》いたらこれまた素晴《すば》らしい」

あのさびしかった田植えの時の苗《なえ》が、今では太い茎《くき》にたくさんの実をつけて重そうに穂《ほ》がたれている。

僕《ぼく》はうなった。

これが土の力、イネの力を引き出しながら生産地に合わせて行う米作りの結果なのだ。米作りは作る人の考え方が一番大切だと思い知らされた。

翌年《よくとし》の6月、僕は常蔵《つねぞう》さんとアキアカネの羽化《うか》の話をしていた。

「今朝ずいぶんアキアカネが羽化したのをみました。田んぼ以外で見たことがありますか?」と僕は聞いた。

常蔵さんはじっと考えて、

「はて、あまり気にしたことはないけど深い池からは決して羽化してこないですね」

と答えてくれた。

その言葉で、僕ははっと気がついたことがあった。

たしかに大きな池でアキアカネを見たことがない。それまでアキアカネは水さえあればどこでも生育できると僕《ぼく》は考えていた。しかし僕の家の庭にある池でも、近くのため池でもアキアカネの羽化《うか》を見たことがない。ウスバキトンボを撮影《さつえい》したあの小さな水たまりは深さが30センチほどしかなかったがアキアカネがたくさん卵《たまご》を生んでいた。しかも水があるかないかの水際《みずぎわ》にだけ産んでいたのを思い出した。

ということは水深が浅い場所にしかアキアカネはすまないということになる。トンボはいろいろな種類があっておなじような環境《かんきょう》にすんでいる。おなじところで一緒《いっしょ》に生きてゆくために深いところにすむ種類、浅いところ、弱い流れにすむ種類、などすむ場所や食べるものを変えてみんな仲良く暮《く》らしているのではないかと僕は思った。

万葉《まんよう》のトンボと自然環境《かんきょう》

この時、僕《ぼく》の記憶《きおく》にあった一つの言葉がうかびあがった。それは「日本書紀」に出てきた「秋津洲《あきつしま》」と言う言葉だ。

日本人は古くからトンボを意識《いしき》してきたようだ。香川県《かがわけん》で出土した銅鐸《どうたく》に刻《きざ》まれた虫の絵は日本最古とされるが、そこにはアメンボ、カマキリなどとともにトンボの絵がある。

僕をふくめて日本人はトンボが好きだ。古くから歌にも歌われている。そのころにはトンボがたくさんいたのだろうか？

一体《いったい》いつごろから日本人はトンボに興味《きょうみ》をもっていたのだろう。

調べてみるとトンボが興味をもたれたのは古代からのことで歴史が深いことがわかった。記録として残っているのが「日本書紀」だ。神武天皇《じんむてんのう》が山頂《さんちょう》から日本を眺《なが》めていた時に「この国はトンボが交尾《こうび》をしているような形をしている」と言ったと伝えられている。トンボは古くから「秋津」と呼《よ》ばれており、神武天皇の言葉から日本を

トンボの
おつなぎとよばれる
交尾《こうび》

「秋津洲《あきつしま》」とよぶようになったという。

その後「古事記」にもトンボにまつわる話が出てくる。

雄略天皇《ゆうりゃくてんのう》が吉野宮《よしののみや》に行き、狩《か》りをしていた時にアブに噛《か》まれてしまう。その瞬間《しゅんかん》、トンボがアブをつかまえてどこかに飛び去ったという。その功績《こうせき》をたたえて雄略天皇は日本を「蜻蛉島《あきつしま》」と名付けた。

この時の様子からトンボは縁起《えんぎ》の良い虫として多くの人に受け入れられるようになった。

きっと当時はトンボがたくさんいたのではないかと僕《ぼく》は考えはじめていた。トンボはたくさんいたのだろうか、トンボがたくさんいた当時の日本の風景はどのようなものだったのだろうか、何かその疑問《ぎもん》をとく糸口はないかと探《さが》してみた。それをとくヒントを僕は「万葉集《まんようしゅう》」の中に見つけた。秋の七草を歌った句《く》があるのだ。

万葉集は一般《いっぱん》の人から天皇まで、幅広《はばひろ》い人が詠《よ》んだ歌を集めたものだ。

その中に二首、秋の七草を詠んだ歌がある。

秋の野に　咲《さ》きたる花を指折《およびを》りかき数ふれば七種《ななくさ》の花
萩《はぎ》の花　尾花《おばな》葛花《くずはな》　撫子《なでしこ》の花　女郎花《おみなえし》　また藤袴《ふじばかま》　朝貌《あさがお》の花

山上憶良《やまのうえのおくら》

山上憶良（やまのうえのおくら）は、奈良時代《ならじだい》の歌人。山上憶良が万葉集《まんようしゅう》において選定したものだ。

歌に歌われるほど秋の七草が咲く万葉の自然をさぐれば、アキアカネのことや風景はどのようなものかを知ることができると感じた。トンボが繁栄《はんえい》できる環境《かんきょう》があったのだろうか。特にアキアカネが生育できる浅い水辺はあったのだろうか。

この時代、人口は今よりも少なく田んぼも少なかったはずだ。だから田んぼからはそれほどたくさんのアキアカネが生まれてはこなかっただろう、と僕《ぼく》は考えた。

当時、家々の屋根はカヤで覆《おお》われていた。カヤというのはススキやカリヤスなどの植物をいうが、カヤを収穫《しゅうかく》して屋根をふく材料にしていた。

カヤの屋根は寿命《じゅみょう》が長いが、一軒《けん》の家の屋根に敷《し》きつめるためには運動場の数倍の面積の茅場《かやば》（ススキが原）が必要になる。また時間がたつにつれて屋根が傷《いた》んでくるので、補修《ほしゅう》するためにも新しいカヤが必要になる。何軒《なんけん》もの家が集まっていると広大な茅場が必要になってくる。もちろんすべての家が一斉《いっせい》に屋根の吹《ふ》き替《か》えをすることはなく、毎年数軒《すうけん》だけ屋根を吹き替する。それでも広大な茅場が必要だ。

茅葺《かやぶ》き屋根の材料の必要性《ひつようせい》から、おそらく万葉《まんよう》の時代には日本各地は草地《くさち》で覆《おお》われていたのではないかと考えた。その裏付《うらづ》けともなるのが秋の七草だ。

万葉集で歌われた秋の七草。ハギ、オミナエシ、ススキ、キキョウ、フジバカマ、ナデシコ、クズの7種類だが、ハギ、ススキ、クズ以外は現在《げんざい》見かけなくなった植物ばかりだ。

万葉の時代には草地が広がっていたという僕《ぼく》の考えを解《と》く鍵《かぎ》を数年前に長野県で見つけた。僕は長野県白馬《はくば》村の草原でクロシジミという小さなシジミチョウをかれこれ30年以上も観察してきた。クロシジミも日本では絶滅《ぜつめつ》が危《あや》ぶまれているチョウだ。

茅葺《かやぶ》き屋根の家

［次ページ］
草原に咲《さ》くフジバカマ

クロシジミは幼虫時代《ようちゅうじだい》、クロオオアリという大型のアリの巣の中で生活している。クロオオアリに育てられているのだ。クロシジミの卵《たまご》は木や草に産み付けられるが、やがて幼虫が孵化《ふか》するとクロオオアリが口にくわえて巣に運び込《こ》む。その後は口移《くちうつ》しでクロオオアリから栄養をもらうのだが、時々お返しに甘《あま》いミツを体から出してアリに与《あた》える。夏になるとアリの巣からはいでて外を飛び回るのだ。

白馬村《はくばむら》にはスキー場の一角に茅場《かやば》になる草地《くさち》が残されていてクロシジミの生息地になっている。茅場は毎年春先に野焼きをする。良いカヤをとるために雪で押《お》しつぶされた古いカヤを焼くのだ。野焼きをすると古いカヤは焼き払《はら》われ、その灰《はい》は新しく生えてくるカヤの栄養にもなる。しかも野焼きをすると火に弱い木々は燃《も》えてしまい、茅場に生えてきて育つこともなく、全く環境《かんきょう》が変わらずに草地を保《たも》つことができるのだ。

クロシジミとクロオオアリは草地に育つ昆虫《こんちゅう》だから、両方にとって最高の環境が保《ほ》全《ぜん》されているのだ。白馬村にはこの草地以外にも江戸時代《えどじだい》から続いている広大な茅場が残されていて、野焼きをしてカヤを刈《か》り取り、現在《げんざい》に残る茅葺《かやぶ》き屋根の材料にして

江戸《えど》時代《じだい》から続く
白馬村《はくば》の茅場《かやば》

万葉《まんよう》の時代は
このような風景が
広がっていたのではないだろうか

いる。
この茅場《かやば》を秋に訪《おとず》れると秋の七草を全て見ることができる。秋の七草は草地《くさち》の植物なのだ。
万葉《まんよう》の時代は草地が広がっていたと考えられる。
このことは万葉の植生を研究されている兵庫県立大学の服部保《はっとりたもつ》先生の研究結果とも一致《いっち》している。

人が増《ふ》やしたアキアカネ

白馬村《はくばむら》の茅場《かやば》を、季節を変えて観察すると、季節ごとに地面の様子がちがうことに気がついた。

秋、ちょうどイネの刈《か》り取りが終わったころの草地《くさち》のくぼみには秋雨のおかげで水がたまっていることがある。

観察していると刈り取られた茅場にアキアカネが飛んできて卵《たまご》を産んでいる姿《すがた》が観察された。草の間にあらわれるたまり水はアキアカネが産卵《さんらん》するのに適《てき》した深さなのだ。

卵はそのまま冬を越《こ》し、梅雨がはじまるとふたたび水がたまる。卵から生まれたヤゴがそこで成長してゆくのだろう。

実際《じっさい》に茅場のような草地でアキアカネが育つのだろうか?

それをたしかめるために6月7日に三重県の伊賀市《いがし》を訪《おとず》れた。近くにある御在所岳《ございしょだけ》がアキアカネの集まる場所としてよく知られているから周辺には田んぼや草地が広がっているはずだと考えた。この時期をえらんだのはちょうどヤゴの時期にあたるから

伊賀市郊外《いがしこうがい》には
ススキが広がっていた

だ。

三重県に住む乙部宏《おとべひろし》さんに案内をたのんで草地《くさち》を探《さが》した。伊賀市《いがし》の郊外《こうがい》にはかなり草地が残っていた。その場所はもともと田んぼがあったらしいが放棄《ほうき》されたため、ふたたび雑木《ぞうき》混《ま》じりの草地になっていた。

細い山道を入ってゆくと美しいススキの草原があらわれてきた。風が吹《ふ》くと一斉《いっせい》にススキの葉がたなびき、風が流れてゆくのがわかった。きっとこれが万葉《まんよう》の風景にちがいないと直感した。

草地の間のたまり水があるところを探して二人で網《あみ》を持ってすくい続けた。御在所《ございしょ》岳《だけ》周辺のアキアカネは新潟《にいがた》より羽化《うか》がおそい。この時期だと羽化間近のアキアカネのヤゴがいるはずだ。

30分もしないうちに、案の定ヤゴが数種類、他にヒルやコオイムシなど常蔵《つねぞう》さんの田んぼで見かけた生き物がたくさん網の中に入った。

この中に果たしてアキアカネのヤゴはいるのだろうか。僕《ぼく》にはヤゴでトンボの種類を判断《はんだん》できるほどの知識《ちしき》がなかったので持ち帰ることにした。

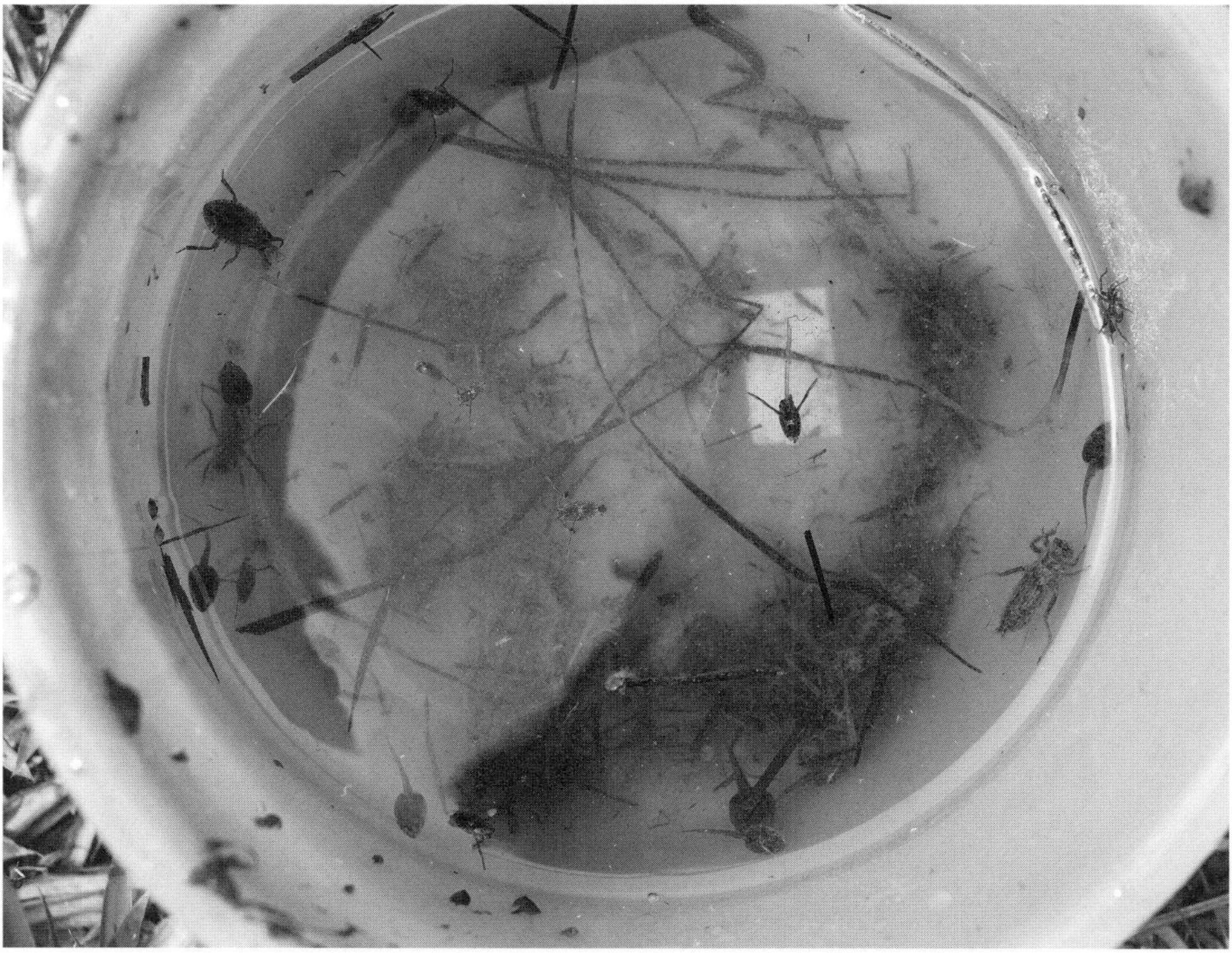

ヤゴ以外にも
様々な生き物が
すくえた

ヤゴは5種類、全部で30頭ほどもバケツに入っていた。家に持ち帰ってイトミミズなどを餌《えさ》にして飼《か》い続けた。そして7月初め、そのバケツの中からはアキアカネが10頭も羽化《うか》してきたのだ。

このおかげで草地《くさち》がアキアカネの育つ場所のひとつである可能性《かのうせい》が高まった。常蔵《つねぞう》さんの言葉からヒントを得て、アキアカネが自然の中で育つ場所は草地にできた浅い水たまりであることが見えてきた。草地が広がっていた万葉《まんよう》の時代にはこのような草地の中でアキアカネが育っていたのだろう。広大な草原にはたくさんの水たまりがあり、それなりの数のアキアカネが発生していたと考えるのが自然だ。もちろん田んぼもあったはずだ。当時は化学肥料《かがくひりょう》や農薬はなかったからそれなりの数のアキアカネが生まれていたと考えられる。

ここで気になったのだが、僕《ぼく》が子どものころ、草地はあったがそれほど広くはなかったような記憶《きおく》がある。それなのになぜあれほどたくさんの赤トンボがいたのだろうか。

ひとつ考えられることは田んぼが広がっていたことだ。僕は小学生のときに秋田県にいたので、家のまわりは田んぼだらけだった。当時は今のような農薬も少なく、田んぼにはいろいろな生き物が見られた。

ヤゴの餌《えさ》となる生き物が少ない草地《くさち》の水たまりより、田んぼには多くの生き物が生活していたからヤゴにとっては好都合だ。田んぼでは草地より多くのアキアカネが育っていたはずだ。

草地の小さな水たまりでほそぼそと暮《く》らしてきたアキアカネは人間が広げた浅い水たまり、つまり田んぼに最高のすみかを見つけたのだろう。農薬が少ない時代には、広がる田んぼはアキアカネの素晴《すば》らしいすみかとなって、数もうなぎ上りに増《ふ》えていったのではないかと僕《ぼく》は考えた。

秋に卵《たまご》が産み付けられ、土の中で越冬《えっとう》していたアキアカネの卵は、田植えのころに水が張《は》られた田んぼで孵化《ふか》し、田んぼの生き物を食べながら成長する。僕が小学生のころは梅雨時に田植えをするのが普通《ふつう》だった。だからアキアカネも問題なく羽化《うか》できるわけだ。梅雨の頃に羽化をして大空に飛び立っていたのだ。

稲刈《いねか》りもおそかった。

刈《か》り取りが終わった
田んぼに秋雨がたまる

その浅い水たまりに
産卵《さんらん》する

10月半ば、秋の日差しを浴びて稲刈《いねか》りをするころ、稲刈りの一足先に山からおりてきたアキアカネは秋雨のあと、稲刈りが終わった田んぼに卵《たまご》を産み付けていたのだろう。

このころは人の暮《く》らしがアキアカネの生活と同調していたのだ。茅場《かやば》が広がっていた万葉《まんよう》の時代には草地《くさち》が広がっていて、アキアカネの主なすみかだったが、やがて浅い水たまりである田んぼが広がるに従《したが》って新しいすみかを確保《かくほ》してアキアカネはますます増《ふ》えていったのではないかと僕《ぼく》は考えている。

ところが今ではアキアカネはあまり見られなくなった。茅葺《かやぶ》き屋根が消え、開発などで草地が減《へ》り、田んぼに農薬をまくためトンボが生きられなくなり、水切りが羽化《うか》に先立って行われるために数が減っていったのではないだろうか。

アキアカネの生活は僕の子どものころ、いや、ずっと古くから変わっていない。変わったのは人の暮らしなのだ。

季節やその土地に合わせた自然な米作りこそアキアカネが繁栄《はんえい》できた大きな力にちがいないと僕は考えている。

ツバメがこない夏

毎年、梅雨が近づくと楽しみにしていることがある。それはツバメが飛んでくることだ。

田んぼの上をスーと滑空《かっくう》する姿《すがた》は見ていて気持ちが良い。ツバメがくるともう夏だ、とうれしくなる。しばらくすると巣作りがはじまりやがて卵《たまご》を産み子育てがはじまる。

巣を作られた家からはフンが落ちるので嫌《いや》がられることが多いが、古くからツバメは歓迎《かんげい》されてきた。害虫を食べてくれることや、人の住むところに巣を作ることが多いことから巣を作られた家は安全である、などと考えられ、ツバメを大切にしてきた。

僕《ぼく》の家の近くに毎年、たくさんの巣が見られる場所がある。そこは車道にかかる四角い長さ8メートルしかないトンネルで近くには田んぼが広がっていて山が見えるとてもいい場所だ。撮影《さつえい》にゆく時にそのトンネルをくぐるのだが、平成22年ごろまでは少なくとも30を超《こ》える巣がところせましと見られた。オスがチュピチュピチュピとよく鳴くのでトンネルに近づくとその声で気付き、つい巣を見てしまう。

ツバメたちは田んぼと巣を往復《おうふく》して食べ物を探《さが》しているようだ。田んぼの上で一体《いったい》何を捕《つか》まえているのか調べてみた。

飛んでいる時は小さなユスリカを狙《ねら》っているようだが、飛ぶのがはやすぎてハッキリ分からない。

そこで子育てがはじまった頃《ころ》に狩《か》りからもどってくる親ツバメを巣の前で待ち伏《ふ》せした。

驚《おどろ》いたことに子ツバメに与《あた》える餌《えさ》の大半がトンボ、しかもアキアカネやノシメトンボなのだ。なるほど、ツバメが子育てするのはちょうどアキアカネの羽化《うか》が終わった頃だ。

田んぼの上をよく旋回《せんかい》しているのはトンボを捕まえにきているのではないかと思った。

ところがここ数年、ツバメの巣が多い年でも5〜7個《こ》、少ない年は三つしか見つからなかった。飛んでいるツバメの姿《すがた》も見られなくなった。

その理由としてはトンボやユスリカなど餌となる昆虫《こんちゅう》が減《へ》ったことがまず考えられ

田んぼでトンボを探《さが》す
ツバメ

トンボをヒナに与《あた》える
ツバメ

る。

トンネルのまわりは田園地帯で田んぼが広がっている。10年ほど前にはアキアカネやナツアカネが飛ぶ姿《すがた》がよく見られ、ユスリカは渦《うず》を巻《ま》くように空中で飛んでいたが、ここ数年は全く見られなくなった。

一般的《いっぱんてき》な米作りの田んぼでもある程度《ていど》はヤゴが見られる。低農薬と言って除草剤《じょそうざい》などの農薬を減《へ》らすのがはやってきたから農薬を使っていてもヤゴが住める田んぼになっている。6月初めの田んぼの水の中ではかなりの数が見られる。

しかしそれも田んぼ次第で、いる田んぼといない田んぼがある。おそらく農薬の種類や使用量がちがうのだろう。

ユスリカも減っているとはいえまだ見られるのだが、体が小さいのでツバメが子どもを育てるための餌《えさ》としては不十分なのかもしれない。

餌の不足がツバメの来ない原因《げんいん》だと僕《ぼく》は思っている。もちろん、アキアカネは羽化《うか》したら田んぼから飛び立ってどこかに行ってしまうので、他の虫を食べているとは思うが昆虫《こんちゅう》全体が少なくなっているのでツバメも僕が知らない他のところに行っている可能性《かのうせい》がある。

アキアカネの羽化《うか》の時期に合わせてツバメが子育てをする、このような連鎖《れんさ》は他にもいくつも見られる。自然はすべてつながっているのだ。

柏崎《かしわざき》の常蔵《つねぞう》さんの田んぼにもツバメがやってくる。しかしそれも束の間だ。羽化が終わって10日間ほどは見られるがやがてツバメはどこかに消えてしまう。これは推測《すいそく》だが、アキアカネの羽化の時期は場所によってズレがある。早いところおそいところがあり、それは田んぼの環境《かんきょう》や位置でズレをおこすのだろう。それを追いかけて移動《いどう》している可能性もあるがそれ以上は調べることができなかった。

米山《よねやま》に登る

田んぼで生まれたアキアカネはずっとそこにとどまるわけではない。常蔵《つねぞう》さんの田んぼでも7月初めにはすっかり姿《すがた》を消してしまうのだ。

どこに行ったのかは見当がついていた。古くからアキアカネが夏になると山頂《さんちょう》に集まる習性《しゅうせい》があることが知られていたからだ。

しかし、なぜ山に登るのかは理由がわからないと資料には書いてある。

それなら柏崎《かしわざき》の山に登ってみたらその様子が見られるだろうと登山を考えた。

柏崎周辺には刈羽三山《かりわさんざん》と呼《よ》ばれる三つの高い山がある。

八石山《はちこくさん》（標高518メートル）、米山（標高993メートル）、刈羽黒姫山《かりわくろひめやま》（標高891メートル）の三つだ。

どの山に登るか決めかねたが、一番高い米山に登ることにした。

ではいつ山に登ればいいのだろう。

いつごろアキアカネが山に登るかがわからなかったが、迷《まよ》っていても仕方がない。

米《よね》山《やま》（左奥《おく》）

8月1日、米山《よねやま》に登ることにした。羽化《うか》が終わって約1カ月すぎた時だ。

米山に登るコースはいくつかあるがカメラが重いので一番短いコースを選んだ。

水野林道コースだ。

車で標高573メートルまで行ける。米山の半分以上の高さまで行けるので楽だと思った。

車を駐車場《ちゅうしゃじょう》に置いて歩きはじめたが自分の読みが浅かったと後悔《こうかい》した。

登山道がかなり急傾斜《きゅうけいしゃ》で息が切れる。途中《とちゅう》、階段《かいだん》が続き登山案内では「階段地獄《じごく》」と名付けられていた。

しまったなぁ、と思ったが引き返すわけにはゆかないので大汗《おおあせ》をかきながら登り続けた。

ブナの林を抜《ぬ》ける頃《ころ》、目の前が明るくなって風景が見えるようになってきた。

休憩《きゅうけい》をとるためにカメラザックをおろして山の斜面《しゃめん》を見ると、下からアキアカネが次から次へと登ってくるではないか。

みな頂上《ちょうじょう》に向かって飛んでいるということは、今まさに登っている時期なのだろう。

山頂《さんちょう》への急な道脇《みちわき》の林

あまり早い時期に登るとまだアキアカネは途中《とちゅう》にいる、逆《ぎゃく》におそすぎたら失敗だと心配していた。今はちょうどアキアカネが山の上に登る最盛期《さいせいき》のように思えた。

よしよし、狙《ねら》いは外れていなかったぞ、と安心した。

アキアカネも疲《つか》れるのか枝《えだ》にとまっている個体《こたい》がたくさん見られた。登山道脇《わき》にも点々ととまっている。

休憩《きゅうけい》を取ったところまではかなりの急坂だったがそれを過《す》ぎるとなだらかな尾根《おね》歩きに変わった。

その後、約50分で山頂《さんちょう》についた。立派《りっぱ》な避難小屋《ひなんごや》があり清潔《せいけつ》で誰《だれ》でも泊《と》まれるようだ。

ついた時は曇《くも》っていてアキアカネの姿《すがた》は枝にとまっている個体しか見ることができなかった。小屋の中で外を見ながら休んでいると雲が流れ太陽が顔を出した。すぐ外に出るとすごい光景が広がった。山頂付近にアキアカネが群《む》れ飛んでいるのだ。数える気もなくなるほどのすごい数だ。

何をするでもなくただ飛んでいる。

［次ページ］
米山山頂《よねやまさんちょう》の
アキアカネ群飛

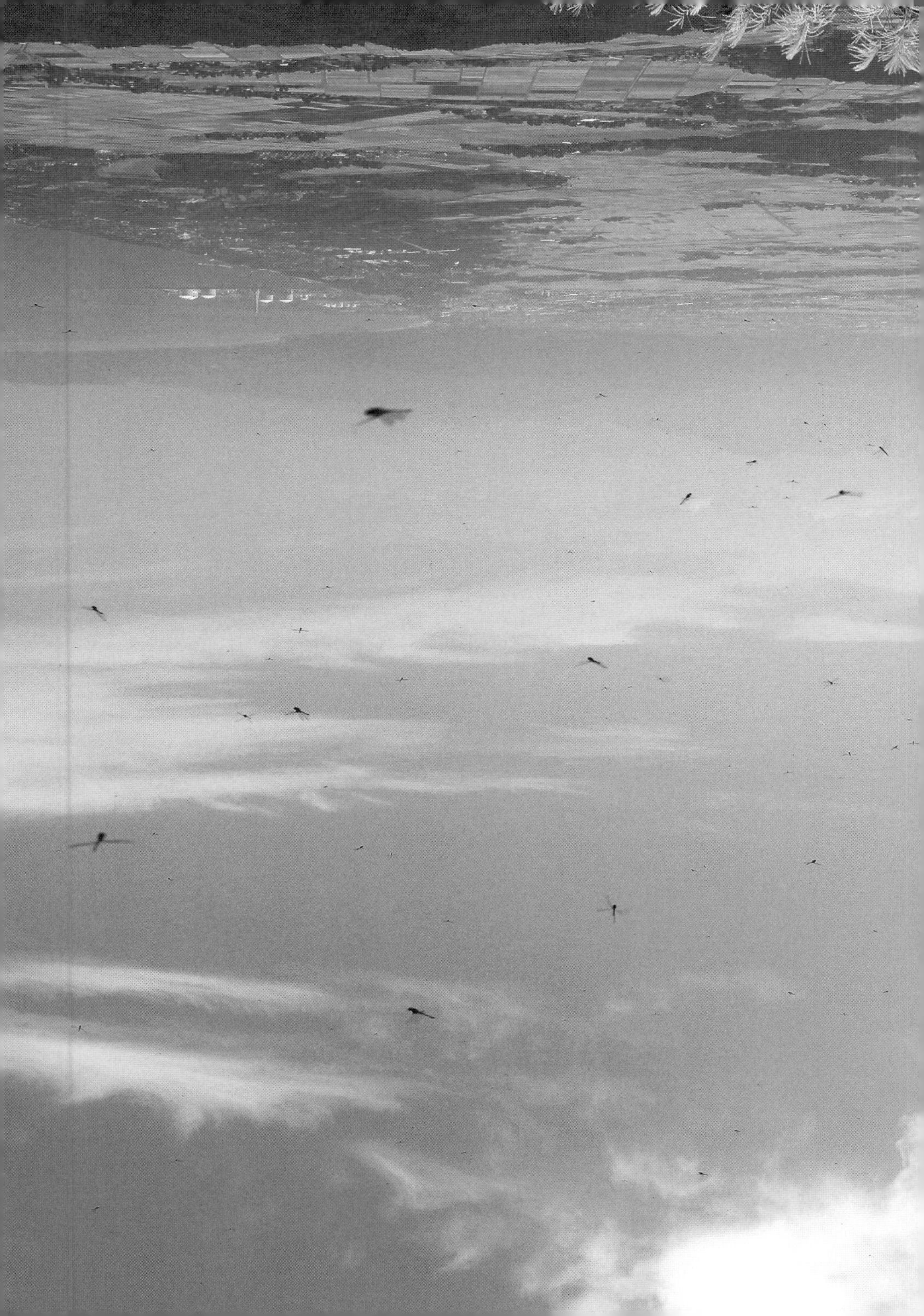

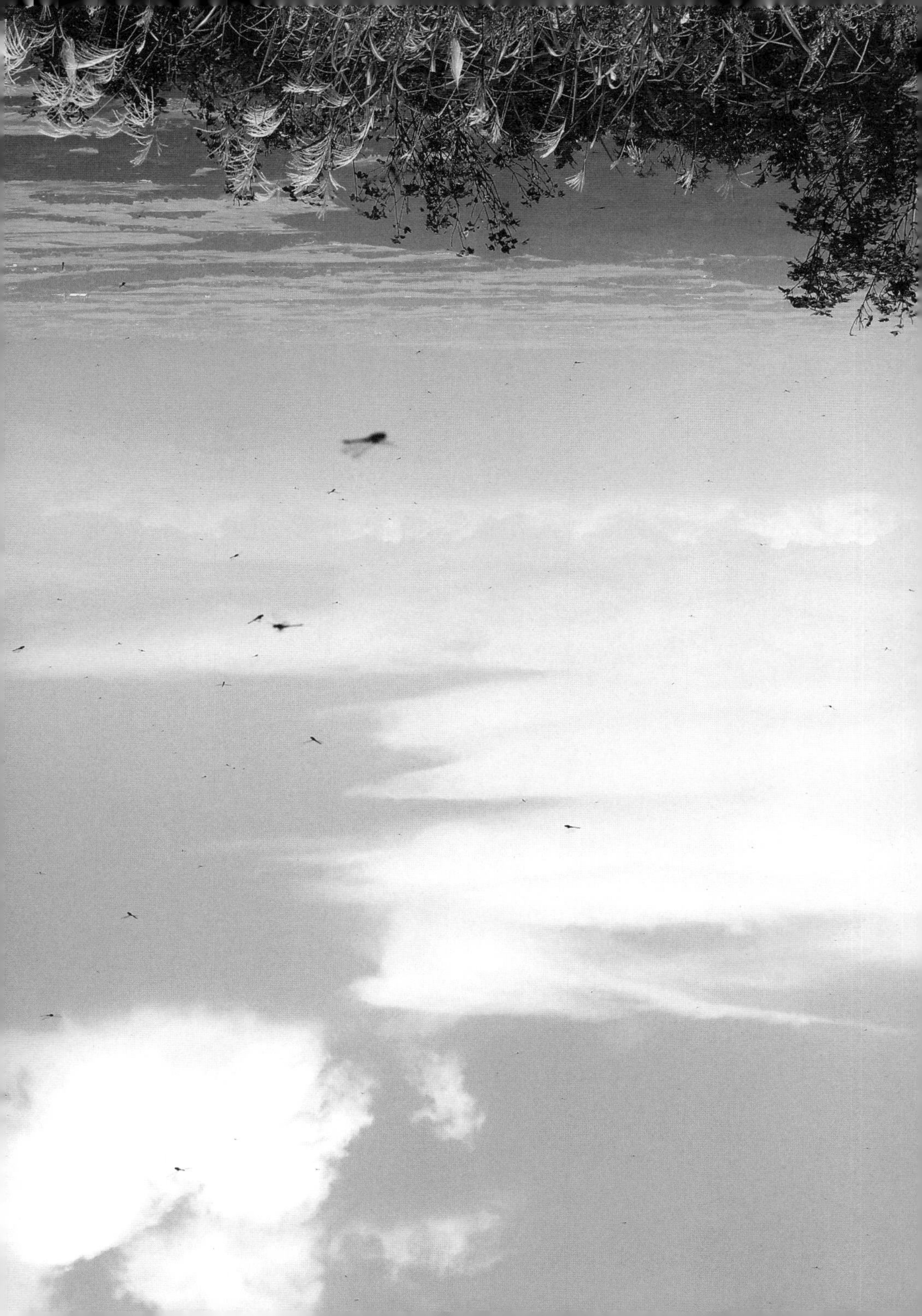

アキアカネを追いかけてオニヤンマが飛んでくるがうまく逃《に》げている。トビやツバメの姿《すがた》も見えた。

山頂《さんちょう》からは眼下《がんか》に海岸線と柏崎《かしわざき》の街が見えた。常蔵《つねぞう》さんの田んぼからだと直線距離《ちょくせんきょり》で20キロぐらいだろうか。

あそこから飛んできたのか、ずいぶん遠くまで飛んでくるのだなと感心した。アキアカネが羽化《うか》後に山に登るのは避暑《ひしょ》のためだとか、産卵《さんらん》までの体作りだとか言われているが、よくはわかっていない。飛んでいる個体《こたい》が時々急に旋回《せんかい》するのはおそらく餌《えさ》を取っているのだろう。

山上には風が吹《ふ》き上がりそれに乗って集まってくる小さな昆虫《こんちゅう》がいる。それらを食べながら体を成熟《せいじゅく》させて秋の産卵に備《そな》えているのではないかと考えたりしたが、はっきりしたことはわからない。

その時雲が出て太陽が隠《かく》れた。すぅっと気温が下がりアキアカネは瞬時《しゅんじ》のうちにどこかに消えた。山小屋のまわりには木が生えていてその枝先《えださき》に何頭もとまっている。気温に敏感《びんかん》だ。

しばらくすると太陽が顔を出し、またアキアカネが飛びはじめた。3時になると気温が下がりはじめアキアカネも姿《すがた》を消したので僕《ぼく》は下山することにした。

平成28年10月14日、突然《とつぜん》、柏崎《かしわざき》の佐藤俊男《さとうとしお》さんから連絡《れんらく》をいただいた。佐藤さんはかなり興奮《こうふん》している様子だ。

「アキアカネが群《む》れをなして飛んでいます。何万と飛んでいます！」

「わかりました、明日伺《うかが》います！」

翌日《よくじつ》大急ぎで柏崎に行き佐藤さんがアキアカネの大群《たいぐん》を見た辺りを大群がいないかと探《さが》し回った。そこは常蔵《つねぞう》さんの田んぼからすぐの場所だった。

朝から夕方まで探したが結局見つけることはできなかった。

そして翌年《よくとし》平成29年10月10日にふたたび佐藤さんから連絡がきた。

翌日、柏崎に向かったのは言うまでもない。

しかし群れを見つけ出すことはできなかった。

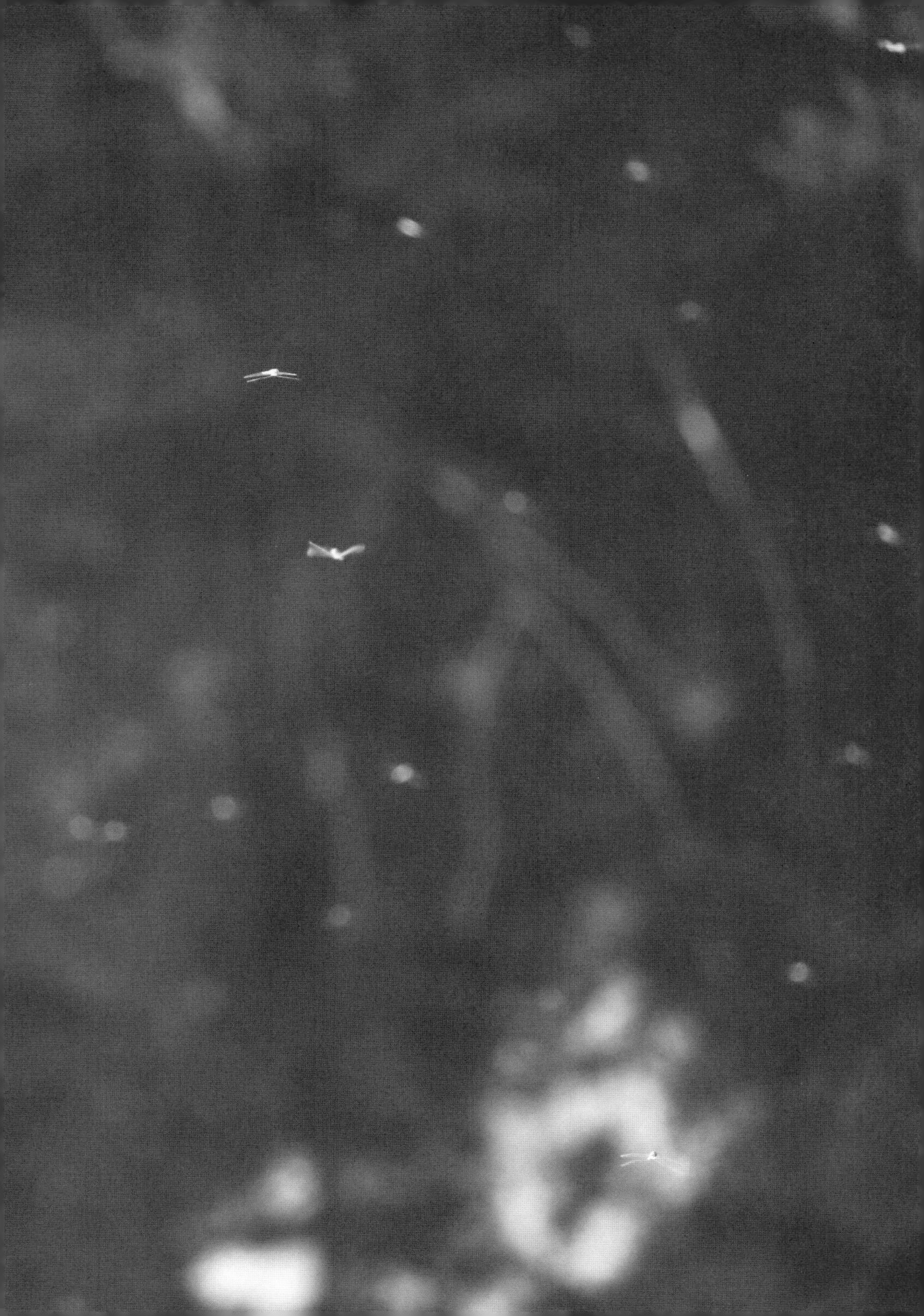

［前ページ］
里に降《お》りてきたアキアカネ

おそらく大群《たいぐん》になるのはたった1日だけなのだろう。それにしてもなぜ大群になるのかと言う理由は今でもわからない。

しかし、確実《かくじつ》なのは10月10日前後に山から大量に降《お》りてくることだ。時間があるので柏崎《かしわざき》の田んぼをあちこち見て回った。すると林に面した田んぼでアキアカネの素晴《すば》らしい大群に出会った。

そこにはユスリカの群《む》れを追うアキアカネの大群が飛んでいた。夏の間田んぼから姿《すがた》を消していたアキアカネがふたたびあらわれたのだ。

夕日を浴びて美しい。繰《く》り返しユスリカの群れに突進《とっしん》して食べているようだ。この様子を見てアキアカネが山から降りてきたことがわかった。

常蔵《つねぞう》田んぼの危機《きき》

令和《れいわ》元年の春、常蔵さんが病気でたおれた。

うかつにもこのことを知ったのはその4カ月後のことだった。

羽化《うか》をあらためて観察しようと思い、常蔵さんのお宅《たく》を訪《たず》ねた。

お茶をいただきながらお話をうかがいはじめると、

「山口さん、実は今年から有機をやめたんです」

とおっしゃった。

僕《ぼく》は金づちで頭をたたかれたような気になった。

なぜ？

あれほどアキアカネのことを思って有機栽培《ゆうきさいばい》を続けていたのにと、僕はとまどった。

「実はこの2月、病気で倒《たお》れてしまいました。しかもかなり重い病気で今でも治りきっていません」

「有機は続けたかったけど体力的にできなくなりました」

僕《ぼく》はあの丈夫《じょうぶ》そうな常蔵《つねぞう》さんが病気をされたことにまず驚《おどろ》いたが、有機栽培《ゆうきさいばい》をやめたという常蔵さんのつらい気持ちを考えると、何もいうことができなかった。

「山口さん、申し訳《わけ》ないです」

と僕にあやまる常蔵さんの心の優《やさ》しさと広さが胸《むね》に染《し》みた。

「その代わり、低農薬で除草剤《じょそうざい》は一回しかまきません。水切りもおくらせます」

常蔵さんはくやしそうに一言付け加えた。

翌日《よくじつ》の朝、僕は田んぼを見に行った。

羽化《うか》はまだはじまっていないようで、目を凝《こ》らすと水の中に大きなヤゴが見えた。

おおっ！　無事じゃないか。と喜んだ。

もしかして除草剤はあまり影響《えいきょう》がないのかもしれない。

そういえば除草剤にもいろいろあり、土の表面を覆《おお》って草が出ないようにするものがあって、それはあまり水中の生き物に影響しないと常蔵さんにうかがっていたのを思い出した。

無事に羽化《うか》してくる可能性《かのうせい》は大きいと期待した。

翌朝《よくあさ》、羽化がはじまった。次々とヤゴがイネにつかまりながら水から出てきて翅《はね》を伸《の》ばしはじめた。

ああ、よかった、と安堵《あんど》した。

そのまま撮影《さつえい》を続けたのだが、いつもと少しちがう。

アキアカネがヤゴから抜《ぬ》け出てすぐに翅を伸ばすのだが、とても動作がおそい。

時間はかかったが、ヤゴから抜け出したアキアカネは翅が伸びて正常《せいじょう》に羽化した。

なんだ大丈夫《だいじょうぶ》じゃないか、と思うのも束の間、翅を伸ばして飛び立とうとしたアキアカネが水に落ちた。

パタパタと飛び上がった瞬間《しゅんかん》、水の中に墜落《ついらく》してしまうのだ。

羽化したアキアカネが飛べない！

まわりには水に落ちて溺《おぼ》れてしまっているものもたくさん見える。

翅が完全に伸び切らずクシャクシャのままで死んでいるものもいた。これはおそら

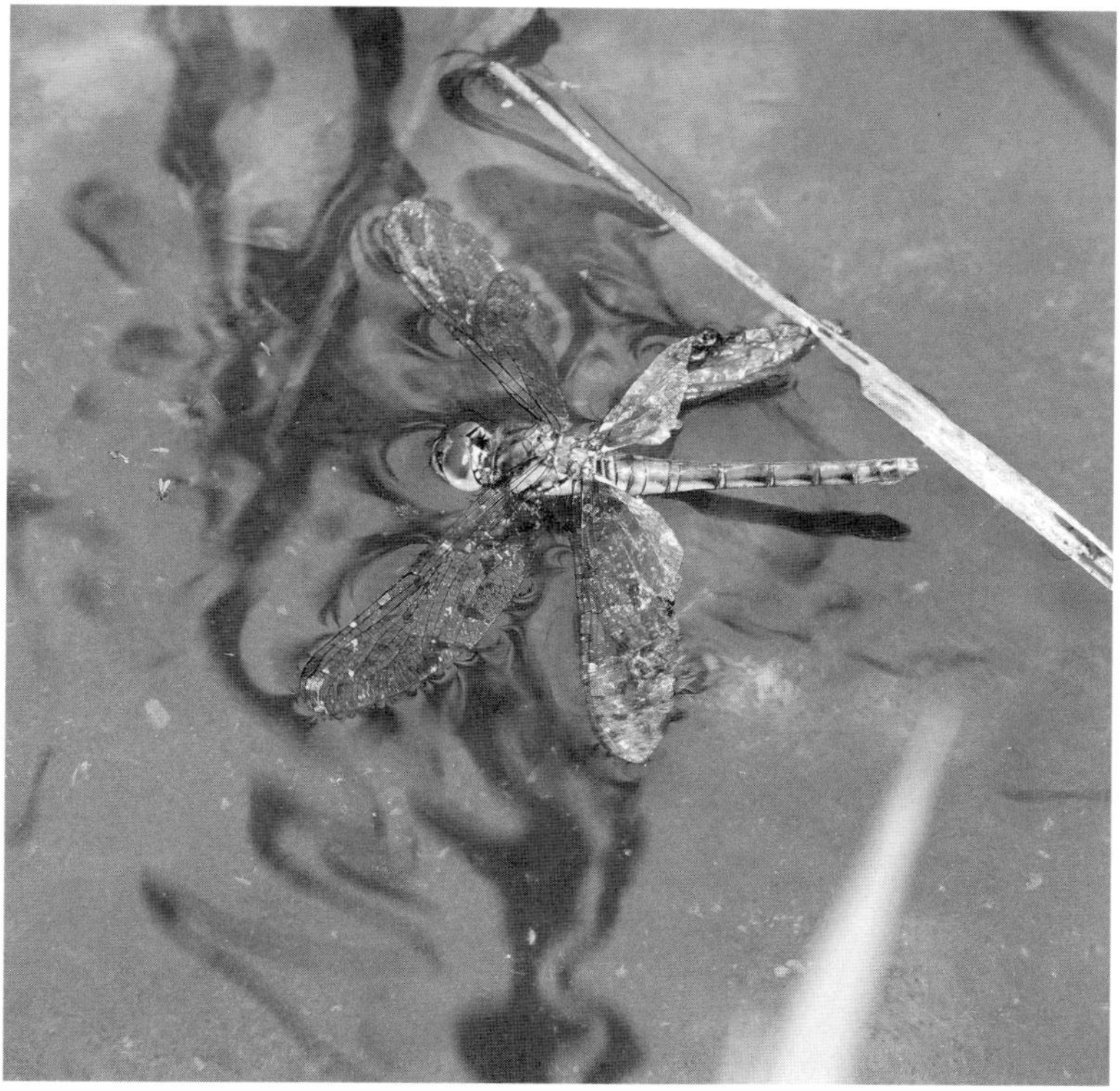

溺《おぼ》れるアキアカネ

翅《はね》が伸《の》び切らずに
死んでしまった
アキアカネ

くヤゴから抜《ぬ》け出たものの、翅《はね》を伸《の》ばせずに落下してしまったのだろう。中にはヤゴから体が完全に抜けきれずに息絶《いきた》えたアキアカネすらいる。

水中から出てきた数は100頭を超《こ》えていると思うが、まともに羽化《うか》して飛び立ったのはわずか数頭だけだった。

9時、太陽がのぼりきった田んぼの水面には数えきれないほどのアキアカネが浮《う》かんでいた。時々、翅を力なく動かすが水から這《は》い出るほどの力はない。

僕《ぼく》はあぜんとした。

除草剤《じょそうざい》のせいなのだろうか。それにしてもひどい状態《じょうたい》だ。

以前、常蔵《つねぞう》さんは除草剤を使っていても水切りの時期をおくらせればアキアカネは羽化してくることがある、とおっしゃっていた。

たしかに除草剤を使っている田んぼからの羽化を見たことがあった。

しかしそれはまれなことなのかもしれない。

僕は気が抜けて、カメラをバッグに入れるのも嫌《いや》になり大切なカメラを車に放り込《こ》んだ。

そして常蔵《つねぞう》さんのお宅《たく》に報告《ほうこく》に行った。

まだ体調がすぐれない常蔵さんはそれでも笑顔で出て来て下さった。

「実は……アキアカネはたくさん羽化《うか》して来たのですが、ほとんどが完全に羽化できず溺《おぼ》れてしまいました」とお伝えした。

一瞬《いっしゅん》、常蔵さんの顔が曇《くも》った。

二人とも無言で居間《いま》に座《すわ》ったままだった。

僕《ぼく》は今日ほど米作りの難《むずか》しさを感じたことはなかった。自然と共生してゆく米作りは現代《げんだい》では不可能《ふかのう》なのかもしれないと思った。

常蔵さんがご病気になられたのも、気苦労と体力の消耗《しょうもう》から来たのではないかと考えると、理想の米作りなどしてはいけない、と大声を出したくなった。

一体《いったい》、どうすればいいのか、僕にはわからない。

田んぼの作業は全て大変なのだが、中でも一番辛《つら》いのは草取り作業に他ならない。草を抜《ぬ》かなければ栄養を雑草《ざっそう》に取られてイネが生長しないのだ。

数十年前まではほとんどの田んぼでは草を人の手で抜いていた。田んぼの作業は全て中腰《ちゅうごし》で夏の間じゅう繰《く》り返し行う。だから、腰《こし》が曲がった老人をよく見かけたものだ。

その辛《つら》い作業を楽にしてくれたのが除草剤《じょそうざい》だった。薬さえまけば草は生えてこない。

僕《ぼく》も有機栽培《ゆうきさいばい》で米作りをしたときに、草取りの辛さを実感したのだが、草が生えないように何か工夫できないかと考えた。

8年間の米作りで試してみたことがあった。

それは田んぼの水を流しっぱなしにすることだ。

一般的《いっぱんてき》には田んぼの水を朝入れたら夜間には栓《せん》をして水の流入を止めている。夜間になると水温が下がりイネの生育がおくれるから温まった水を田んぼにため込《こ》んでおくのだ。冷たい水を流しっぱなしにすることはイネの生育によくないと考えられている。

しかし流しっぱなしにすると雑草《ざっそう》のタネが土に根を張《は》りにくいと僕は考えた。ただ、温かな水は必要と思い、水の取り入れ口に深い水たまり「ため池」を作った。田んぼに入って来た水はそこで温められ、雑草《ざっそう》のタネはため池に落ちて田んぼには入ってゆかない。ため池からあふれ出た温かい水が田んぼに入ってゆく。雑草のタネはとても多いのでため池を作ってもタネが田んぼに入ってゆくことは避《さ》けられない。ため池でも完全に雑草を食い止めることはできないのだ。

ところが、水を流しっぱなしにすると入って来たタネの根が張《は》りにくくなる。いつも流れがあることが大切なのだ。

しかし、田んぼが広いと真ん中あたりは水の流れがとどこおるので広い田んぼには適《てき》さない。

この方法は僕《ぼく》の子ども時代にはどこでもやっていたことだった。ため池にはドジョウやフナなどの魚をはじめとしてミズカマキリやゲンゴロウがいつも泳いでいた。

僕はそれを思い出しただけだ。しかも1枚《まい》1枚の田んぼは狭《せま》かったので効果《こうか》はあった。

実際《じっさい》にやってみた結果は大成功だった。

雑草は全く生えてこないわけではなかったがイネの生育に影響《えいきょう》が出るほどではなく、

簡単《かんたん》に手で抜《ぬ》けた。

その代わりため池にはものすごく雑草《ざっそう》が生えた。それがさらに雑草のタネをくい止めるフィルターになり効果《こうか》が増《ま》した。

なぜ今、ため池がなくなったのか考えてみると、ため池を作るスペースもつぶしてたくさんの米を作りたかったのではないかと考えられる。

機械化された米作りではため池は邪魔《じゃま》になるのかもしれない。

僕《ぼく》がもうひとつ実験したのは米作りの予定をおくらせることだ。おくらせることで雑草の生える期間を短くできるのではないかと考えたのだ。

通常《つうじょう》5月に田植えをするが、僕は6月におくらせた。他の田んぼとは約1カ月ちがう。

だから水もぬるくイネには全く影響《えいきょう》しない。昔は梅雨になって田植えをするのが当たり前だった。しかし米作りの方法が変わり、苗《なえ》を早く作ると丈夫《じょうぶ》な苗ができることや10月には大きな台風が来るのでそれまでに刈《か》り取りを終わらせるため、米作りの時期を早めたのだ。

僕《ぼく》がやっていた米作りの方法、つまり田植えをおくらせ、刈《か》り取りもおくらせる方法はまわりの田んぼの人にとっては好ましくないことだったようで、いろいろと注意を受けた。

他の田んぼと足並《あしな》みをそろえてほしい、とか水は流しっぱなしにするな、など細かく注意された。

水を流しっぱなしにすることは他の田んぼに影響《えいきょう》があると思っている人が多い。水がもったいない、とか、下の田んぼに迷惑《めいわく》だ、とか言われたがその理由が僕には理解《りかい》できなかった。水はいつも水路からいきおいよく流れてくるし、田んぼの水があふれて下の田んぼに入っているわけではない。でも僕は米作りが職業《しょくぎょう》ではないので注意にはできるだけ逆《さか》らわないようにした。

秋には他の人が目を見張《みは》るほど豊《ゆた》かな米が実った。それからは注意されることは少なくなったが、やはり農家の目は冷たかった。

日本は米があまっているので、政府《せいふ》は米の生産を減《へ》らす「減反政策《げんたんせいさく》」をいまだに続けている。だからこそため池を復活《ふっかつ》しても良いのではないかと考えている。田んぼの一部を米作りに使わないという減反《げんたん》の方法もあるわけだ。

ため池を作ることで多くの生き物が住めて、田んぼにも生き物が作り出した栄養が流れ出ると考えられるからだ。しかし米作りはその土地その土地に伝わる考え方があり、全国で行われている共通の米作りがある状況《じょうきょう》で、これ以上のことをいう資格《しかく》は僕《ぼく》にはない。

アキアカネがいなくても問題がないと考える人がほとんどだろうし、アキアカネを知らない人もたくさんいる。

農薬をやめると安全な米が作られることは確《たし》かだ。特に最近日本でよく使われるネオニコチノイド系《けい》の農薬は土地にはもちろんイネに残留《ざんりゅう》することがわかっている。

ネオニコチノイド系農薬は種類があるが諸外国《しょがいこく》では使用が禁止《きんし》されている。それは人間の健康を阻害《そがい》する成分をもつと考えられているからだ。

なぜアキアカネが大切なのか？　草地《くさち》が必要なのか？

常蔵《つねぞう》さんと知り合ってから、米は毎年常蔵さんから買うことにしていた。

ある日、30キロもある玄米《げんまい》の袋《ふくろ》を倉庫から出してくれた。

玄米というのは田んぼから収穫《しゅうかく》した米のモミガラを取り除《のぞ》いたもので少し茶色い。酸化《さんか》しにくく、虫もつきにくいという保存《ほぞん》に適《てき》している状態《じょうたい》の米だ。栄養があるのだがそのまま炊《た》くと固くて味に慣《な》れないと食べにくく、普通《ふつう》は精米機《せいまいき》で玄米の外側を削《けず》り白くした米を食べる。

僕《ぼく》が持とうと袋に手をかけたがびくともしない。袋が紙なのでどこを持てば良いのかわからずもたもたしていると、常蔵さんがヒョイと担《かつ》いで僕の車に積んでくれた。

「これが担《かつ》げなくなったらおしまいですわ」と笑われた。

家に持ち帰り精米機にかけると真っ白な米が出て来た。

さっそく炊いていただくことにした。

おかずはお味噌汁《みそしる》と漬物《つけもの》だけにした。

炊《た》けてくると香《かお》りが部屋中にただよってきた。今まで食べていたお米にはなかったことだ。

炊飯器《すいはんき》のふたを開けたとたん香りが部屋じゅうにあふれ出た。つやが良く米が光っている。

お茶碗《ちゃわん》によそい、箸《はし》でつまんで口に運んだ。

思わずうなった。粘《ねば》りも甘《あま》さも香りも申し分がない。かみ心地がしっかりしている。

これが常蔵《つねぞう》さんの米だ。

有機栽培《ゆうきさいばい》の米はまずいという噂《うわさ》があった。その理由がわからないが味で選ぶなら有機でない方が良いという人は多い。

最近は食べるものの安全性《あんぜんせい》を考える人が増《ふ》え、有機栽培の米が求められている。しかし味の良さは期待しないとも聞いていた。

ところが常蔵さんの米の味はちがった。これがコシヒカリという品種の味なのかもしれないが、僕《ぼく》は今までこれ以上の米を食べたことがなかった。

しかしもうこのおいしい米を食べることができなくなった。

秋のアキアカネ

今となっては常蔵《つねぞう》さんに有機栽培《ゆうきさいばい》を続けてくれとは言えない。

何を食べるかで人の健康と生活の楽しみが変わってくる。安全で栄養分があるものを食べることが必要だ。健康はその人の一生を左右するほど大切だ。

このようなことを知り、考える人が増《ふ》えると米作りの考えも変わるだろう。

僕《ぼく》はそれに期待したい。

つながる自然、共生する生き物たち

それはさておき、常蔵《つねぞう》さんが夢見《ゆめみ》たアキアカネの舞《ま》い飛ぶ里山の景色はもう帰ってこないのだろうか。

常蔵さんも僕《ぼく》も子どものころにおなじ経験《けいけん》をしてきた。

遊びといえば外が基本《きほん》。雨が降《ふ》る日は家の中で本を読み、簡単《かんたん》なゲームをした。ゲームはすぐに飽《あ》きる。

少しでも晴れると、待ってましたとばかりに外に飛び出た。

外に出るとチョウやトンボが飛んでいる。季節ごとにちがう虫があらわれては消えてゆく。アリは獲物《えもの》を引きずり、カリバチがクモを狩《か》って巣に運んでゆく姿《すがた》を見てきた。

どれもこれも不思議なことばかりで飽きることがなかった。しっかり見るとカリバチが引っ張《ぱ》っているクモの足は切り取られていた。

庭にグラジオラスが植えられていてアゲハの仲間が蜜《みつ》を吸《す》いに来ていた。なぜアゲハしか来ないのか疑問《ぎもん》に思った。

畑にゆくとルリ色のハムシや、トマトの葉をボロボロに食べてしまうオオニジュウヤホシテントウがたくさんいて、母が嫌《いや》がるのできらいになったこともあった。イチジクの実は大きなハチが来て危《あぶ》ない、でもゴマダラカミキリやキボシカミキリが来るので毎日見に行き、時々ハチに刺《さ》されて帰ってきた。

近くの低い山にゆくと畑では見られなかったミヤマカラスアゲハやカブトムシがいた。畑の昆虫《こんちゅう》と野山の昆虫とはちがうなぁ、と感じたものだ。

わからないことは本で調べるが、知りたいことはあまり書かれていなかった。こんな時はもう一度その虫を見に行く。じっと観察しているとだんだんわかってくることが多かった。

自然の中には不思議なことがたくさんあるが、その不思議を解決《かいけつ》できる答えも用意されていることを僕《ぼく》は知った。

常蔵《つねぞう》さんもおなじだ。柏崎《かしわざき》という自然豊《ゆた》かな場所で暮《く》らしていて、いつも美しい自然を見つめてきた。春夏秋冬、自然は移り景色も変わる。つらい冬も、もうすぐ春が来ると思えば耐《た》えられた。そして約束したかのように新芽が吹《ふ》き出す暖《あたた》かな春がやってくるのだ。暑い夏もこのあと涼《すず》しい秋が来ることが約束されている。暑さを楽しんでその日をまつことができた。自然のすべてが美しくて楽しい。

柏崎《かしわざき》は米どころで田んぼが広がる。毎年、決まったようにアキアカネが田んぼから羽《う》化《か》してどこかに飛んでゆき、刈《か》り取りの頃《ころ》にふたたび田んぼにもどってくる。

その中で楽しく心豊《ゆた》かな暮《く》らしができたのも自然と家族のおかげだと常《つね》蔵《ぞう》さんは考えているようだ。

僕《ぼく》も様々なことを自然から学んできた。自然を見れば見るほど生き物たちはみんな協力しあっていることがわかってくる。すべての生き物が地球上で何かの役《やく》割《わり》をもって暮らしている。自分がもつ役割を果たしながら共生することで調和している。生き物と環《かん》境《きょう》も深い関係がある。

アキアカネは浅い水たまりが好きだけど、少し深い池にはオニヤンマなどがすんでいる。地球には限《かぎ》られた広さしかないが、海、山、林、畑などがあるので、それぞれ自分の好きな環境を選んですむことができる。草原もおなじだ。草原にしかすめない生き物がたくさんいる。いろいろな環境《かんきょう》があるからいろいろな生き物がすめる。

食べ物にしてもモンシロチョウはキャベツを食べるが、アゲハチョウはみかんの葉を食べる。地球上の限《かぎ》られた食べ物を違《ちが》えることによって多くの生き物が地球で住めるのだ。

このように、限られた広さしかない地球上でできるだけ多くの生き物が地球にすめるように、おたがいに食べ物やすみかを別々にして一緒《いっしょ》に生きていることがわかってくる。その生き物たちが、たがいにどこかで関係をもっている。この関係はもろい地球を守る強い手だ。人間も手をつないでいる一員であることを忘《わす》れてはいけない。

アキアカネにも地球を支《ささ》える小さな役割《やくわり》があるはずだ。それを僕《ぼく》たちが知らないだけの話なのだ。

常蔵《つねぞう》さんはアキアカネが消えると共生の輪がぷっつりと切れてしまうことを恐《おそ》れていたのだろう。アキアカネも他の生き物たちと手をつないでいるはずだ。共生の輪が一カ所切れると、次から次へと共生の輪がほころびはじめてゆく。

自然を見て生き物がすべてつながっていることを知ると、何ひとつ無駄《むだ》な生き物がいないことがわかってくる。

優《やさ》しさと思いやりの大切さがわかってくる。自然に対して優《やさ》しいと、人に対しても優しくなれる。優しさの意味が何かわかってくるのだ。それは自分と手をつないでいてくれるのは他の人や生き物の手だからだ。

常蔵《つねぞう》さんが田んぼやイネを見る目は優しい。初めて会う僕《ぼく》にも笑顔で接《せっ》してくれた。米作りは作る人の優しさが必要なことを僕は常蔵さんから学んだ。

「みんな手をつないでいるんだ。仲良く暮《く》らそうよ」

常蔵さんは無言でアキアカネやイネや僕に語りかけていたのだろう。

[次ページ]
いろいろな環境《かんきょう》が
多くの生き物を育てる

常蔵《つねぞう》さん復活《ふっかつ》の日

米山《よねやま》で見たアキアカネの大群《たいぐん》は常蔵さんの田んぼだけからきたものではないことは誰《だれ》にもわかる。

僕《ぼく》が日本の中で常蔵さんの田んぼしか知らないだけの話だ。

柏崎《かしわざき》の自然は奥深《おくぶか》い。米山の大群は米山周辺にもっとアキアカネが発生している場所があることを教えてくれている。

三重県の御在所岳《ございしょだけ》や新潟県《にいがたけん》の巻機山《まきはたやま》で毎年アキアカネのものすごい大群が見られる。もちろん、他にも日本中で数えきれないほどの山にアキアカネが登っているのだろう。

生き物は必ずどこかに潜《ひそ》んでいて、自分の出番を待っている。環境《かんきょう》が悪くなっても数を減《へ》らして、環境が良くなる時を待っている。昆虫《こんちゅう》は小さいからこういうことは得意だ。絶滅《ぜつめつ》したと思われた生き物が生きていたという話はいくらでもある。

人はなんでも知っているような気になることがある。しかし人が考えるほど自然は小さく軟弱《なんじゃく》ではない。軟弱どころか人が決して勝てない力を秘《ひ》めている。

いま自然が壊《こわ》されていると世界中の人々が感じている。それは人間が環境《かんきょう》を壊しているというはっきりとした理由がある。アキアカネも減《へ》っている、タガメも消えつつあるがどこかに潜《ひそ》んでいるはずだ。

人間が自然と手をつなぐことを忘《わす》れている。

でもいま、世界の人がそれに気がつきなんとかしようと考え行動しはじめている。農薬の規制《きせい》がゆるやかだった日本もようやく世界とおなじように規制しようとする動きもはじまりそうだ。

僕《ぼく》たちができることはいくらでもある。例えば、学校にビオトープを作るときに浅い池も作って欲《ほ》しい。浅い池につながる湿地《しっち》があるとアキアカネはそこで生きて行ける。もちろん大都会にもアキアカネは飛んできている。

自然を友にすると多くのことが学べる。

自然を見つめているとその面白さや美しさや変化で一生あきることがない。

古代そして万葉《まんよう》の時代から愛されてきたトンボ。「日本書紀」の時代から約1300年以上たっているがいまでも健在《けんざい》だ。この長い間、様々な気象変化や環境変化が起き

RESERDA
MITSUBISHI
Z51

たが、それでもいまだに強く生き続けている。

新しい令和《れいわ》の時代までつながってきた自然の強さや優《やさ》しさをこれからも大切にしていきたい。

アキアカネにはじまった僕《ぼく》の取材でたくさんの人にお会いできたこともうれしかった。

そして一番の収穫《しゅうかく》はアキアカネを通じて常蔵《つねぞう》さんとその生き方を学んだことだろう。

全てに対する寛大《かんだい》さ、いい加減《かげん》という謙遜《けんそん》、いばらない偉大《いだい》さ、僕はあらためて常蔵さんにお礼が言いたい。

令和元年の秋、病気からようやく回復《かいふく》された常蔵さんはコンバインを倉庫から出した。

田んぼで稲刈《いねか》りがはじまるのだ。

いつものように常蔵さんがコンバインを動かしはじめてしばらくすると、いままでは全くいなかったアキアカネがどこからか1頭また1頭と常蔵さんに引き寄《よ》せられるように飛んできた。

［次ページ］
復活《ふっかつ》の日
アキアカネが飛ぶ

あとがき

この原稿を書き終えてからも僕《ぼく》の気持ちは落ち着かなかった。というのも常蔵《つねぞう》さんが体調をくずして有機栽培《ゆうきさいばい》をやめ、低農薬で田んぼを作りはじめた年の6月、羽化《うか》してきたアキアカネがほとんど正常《せいじょう》ではなかったことがずっと心に残っていたからだ。

あれから1年たった田んぼでの羽化をもう一度確認《かくにん》したかったが、新型《しんがた》コロナウイルスが発生したために旅行ができなくなった。

そこで田んぼの様子を電話で常蔵さんに恐《おそ》る恐る聞いてみた。

すると、「今年もたくさん羽化してきました」という明るい言葉が返ってきたのだ。

前々から常蔵さんは低農薬の田んぼでもアキアカネが生きられるとおっしゃっていたがその通りになった。

自然を利用する時は共生《きょうせい》関係をくずさないように工夫することが基本だ。

ともすれば人は自然とは無関係に生活していると思いこんでしまうことがある。

自然を壊《こわ》しても自分には無関係と考える人もいる。しかし自然を破壊《はかい》し続けると、必ず災《わざわ》いが起こり人に降りかかる。

人の生活は全て自然から得《え》られるもので成り立っていることを、今もう一度考えてみたい。

古くから言い伝えられている言葉がある。

「足るを知る」

必要以上の物を欲《ほっ》せず、今ある物を大切にする、という意味だが、これからの世界にとって重要で必要な言葉だ。

いつも自然を大切にする気持ちを持ち続けないと人は不幸になる。

令和《れいわ》二年八月七日　八ヶ岳南麓にて

山口　進

参考文献

原色日本トンボ幼虫・成虫大図鑑（杉村光俊ほか）北海道大学出版会　一九九九年

万葉集《まんようしゅう》で詠まれた美しい日本（中西 進）宝島社　二〇一九年

赤とんぼの謎（新井 裕）どうぶつ社　二〇〇七年

トンボと自然観（上田哲行編）京都大学学術出版会　二〇〇四年

古事記・日本書紀を知る事典（武光 誠）東京堂出版　一九九九年

補訂版 萬葉集 本文篇（佐竹昭広ほか）塙書房　一九九八年

山口 進《やまぐち すすむ》
一九四八年三重県生まれ。
昆虫写真家、自然ジャーナリストとして活躍。
おもな著書に
『五麗蝶譜』（講談社）、
『クロクサアリのひみつ 行列するのはなぜ？』（アリス館）、
『カブトムシ 山に帰る』（汐文社）、
『米が育てたオオクワガタ』『世界クワガタムシ探険記』（岩崎書店）など、
その他共著も多数。

ノンフィクション・生きるチカラ
万葉《まんよう》と令和《れいわ》をつなぐアキアカネ

二〇二〇年九月三〇日 第一刷発行
二〇二一年四月三〇日 第二刷発行
著者 山口 進　挿絵 Tamiko　デザイン 鈴木康彦
発行者 小松崎敬子
発行所 株式会社岩崎書店
〒112-0005 東京都文京区水道1-9-2
電話 03-3812-9131（営業） 03-3813-5526（編集）
振替 00170-5-96822
印刷所 三美印刷株式会社
製本所 株式会社若林製本工場

NDC468 ISBN 978-4-265-08319-0
Published by IWASAKI Publishing Co., Ltd. Printed in Japan
ご意見・ご感想をおまちしています。Email : info @ iwasakishoten.co.jp
岩崎書店ホームページ https://www.iwasakishoten.co.jp